互联网+
政府与企业行动指南

孔剑平 黄卫挺◎主编

中信出版集团·CHINA**CITIC**PRESS·北京

图书在版编目（CIP）数据

互联网+：政府与企业行动指南 / 孔剑平，黄卫挺
主编 . —北京：中信出版社，2015.11
ISBN 978–7–5086–5554–3

I.①互… II.①孔…②黄… III.①互联网络–影
响–研究–中国 IV.①TP393.4

中国版本图书馆CIP数据核字（2015）第236293号

互联网+：政府与企业行动指南

编　　者：孔剑平　黄卫挺
策划推广：中信出版社（China CITIC Press）
出版发行：中信出版集团股份有限公司
　　　　　（北京市朝阳区惠新东街甲4号富盛大厦2座　邮编　100029）
　　　　　（CITIC Publishing Group）
承　印　者：北京画中画印刷有限公司
开　　本：880mm×1230mm　1/32　　　　印　张：12.5　　　　字　数：237千字
版　　次：2015年11月第1版　　　　　　印　次：2015年11月第1次印刷
广告经营许可证：京朝工商广字第8087号
书　　号：ISBN 978–7–5086–5554–3 / F · 3498
定　　价：58.00元

本书编委：

许永硕（和君集团合伙人）

高航（浙金网 CEO）

梅可凤（钛牛互联网金融创始人）

张波（翼码公司业务支撑部总监）

黄云生（通路快建董事副总裁）

李毅（上海通路快建高级项目总监）

虞毅峰（物流、供应链专家）

金韶（中国人民大学传播学博士，北京联合大学管理学院讲师）

李子雯（整合营销专家，博通远景创始人）

熊淑琴（闪钱包高级市场总监）

陈旭东（医学专家）

罗文（我要艺术网创始人）

专家顾问：

清华长三角研究院杭州分院

曹秀华、李大巍、王锡钧、梁远洪、马应辉、乌云

第十章

"互联网＋"文创

第十一章

"互联网＋"医疗

下篇 趋势篇／第十二章

"互联网＋"：改变人类的生活轨迹

上篇
理论篇

第一章

什么是"互联网+"

"互联网+"的概念最早源自 2012 年易观首席执行官于扬先生在易观第五届移动互联网博览会上的发言:"未来'互联网+'是现有行业的产品、服务和未来多屏全网跨平台的用户场景结合之后产生的化学公式。"2015 年两会期间,人大代表、腾讯首席执行官马化腾先生提出的四大建议之一就是"互联网+"战略,即以互联网平台为基础,利用信息通信技术与各行各业的相互结合,不断创造出新产品、新服务和新模式,构建连接一切的新生态。

2015 年 3 月 15 日,李克强总理在《政府工作报告》中明确指出:要制订"互联网+"行动计划,推动移动互联网、云计算、大数据、物联网等与现代制造业结合,促进电子商务、工业互联网和互联网金融健康发展,引导互联网企业拓展国际市场。这意味着,"互联网+"已经从行业关注热点上升到国家顶层设计，从信息科技产业发展到包括传统行业在内的各行业的跨界融合，成为国家经济社会发展的重要战略。

"互联网＋"代表一种新的经济形态，是基于互联网平台促成各种经济资源的集聚和交互，将互联网的科技成果、商业模式和创新能力，深度融合于经济社会各领域之中，提升虚拟和实体经济的创新力和生产力，形成更广泛的以互联网为基础设施和实现工具的经济发展新形态。

"互联网＋"的内涵可以从如下几个方面进行深入理解：

1. 技术驱动的社会变革

技术从最初的发明创造发展到驱动社会变革，是一个不断自我增强、创新扩散，再到社会普及的过程。20 世纪 60 年代，加拿大传播学者麦克卢汉说："媒介技术不仅改变了信息传播方式，还改变了人的社会交往和行为方式，从而推动了社会形态的变革。"20 世纪 90 年代"普适计算之父"马克·韦泽说："最高深的技术是那些令人无法察觉的技术，这些技术不停地把它们自己编织进日常生活，直到你无从发现为止。"21 世纪初，美国互联网教父凯文·凯利说："技术具有自我增强属性，发展到一定阶段能够自我进化，它的不断更新和融合，对经济形态、企业组织、社会生活以及思维方式都会产生颠覆式影响。"这些观点都揭示了互联网技术发展到一定阶段对于社会、经济各个领域的重塑和建构作用。

互联网技术从兴起到普及，经历了二十多年的时间，而移动互联网尤其是3G技术在短短七八年间就掀起了移动革命浪潮，加上物联网的迅速兴起，各种网络技术不断更新迭代，相互交融，相互激发，再加上大数据、云计算等后台技术的支撑，以及智能终端、交互体验等前端技术的优化，开创了各种资源集聚和创新的机会和可能性。互联网首先是一种技术，但发展到一定阶段，互联网就不仅仅是一种技术，而成了一种影响社会和产业变革的力量。技术进化的成果，通过资源要素的全面连接，推动经济形态演进和社会变革。

阿里研究院推出的"互联网+"研究报告指出，所谓"互联网+"就是以互联网为主的一整套信息技术（包括移动互联网、云计算、大数据技术等）在经济、社会生活各部门的扩散、应用过程。互联网作为一种通用目的技术（General Purpose Technology），和100年前的电力技术、200年前的蒸汽机技术一样，将对人类经济社会产生巨大、深远而广泛的影响。这个概念突出了互联网技术的通用性、在社会各领域的渗透性，以及创新扩散性三个典型特征。

我们也要注意到，技术对于社会经济变革的推动作用，不是一个单向的线性作用过程，而是包含了技术、市场、管理等多种因素交互作用的非线性因素。技术提供了可能性，而可能性要转化为现实，需要满足社会经济性的要求，需要社会经济各部门的参与与联动，也包括政府的推动和政策的支持。一方面，技术的发展不断激发出人们的新需求，使新需求成为产业变革的动力，并且为变革提供技术工具。另一方面，只有社会经济各部门主动引入新技术，实现商业价值，技术才能转变成生产力，并通过主导产业的扩散效应推动相关产业不断变革，新的产业部门不断产生。也就是说，创新是技术经过应用和扩散，与社会经济、各产业部门深度结合起来的过程。

2. 融合带来的产业创新

"互联网+"的"+"，就是连接与融合，包括技术的连接、信息和数据连接、产品功能和服务的连接等，再基于连接，进行信息、产品、资源、价值的融合和协同，推出新的产品、服务和商业模式。

从这种意义上说，"互联网+"就是一种基于连接、融合、创新的思维方式和商业运作模式。比如，"互联网+集市"有了淘宝（C2C电商），"互联网+百货卖场"有了京东（B2C电商），"互联网+银行"有了支付宝（第三方支付），"互联网+贷款"有了P2P（互联网金融点对点借贷平台）网上信贷，"互联网+婚介"有了世纪佳缘，"互联网+商务旅游"有了携程，"互联网+交通"有了滴滴打车等。

互联网的发展过程，就是网络技术和各个行业不断融合的过程。Web1.0 时代，是互联网和信息及传媒产业的融合时代，从数字通信到三网融合，信息的传播效率不断提高，传媒业、电信业不断融合成大媒体产业（Mega-media）。Web2.0 时代，是互联网和以交易为核心的社交（人的交互）和电商（物的交互）产业的融合时代，脸谱、推特、新浪微博的兴起，使社交分享成为网络服务的标配；亚马逊、淘宝等的兴起，使交易成本得到极大压缩，交易效率大幅提升，人们的消费和交易行为快速而大规模地往线上转移。Web3.0 时代，是互联网和以移动互联网为核心的综合服务业的融合，移动互联和实时交互彻底突破了时间和空间的限制，相对真实的用户信息和实时的地理位置数据，使线上服务和线下生活紧密结合在一起，即时通信、手机新闻、移动搜索、移动社交、移动支付等跨地域连接和本地化服务有效融合，为人们提供全方位的、场景化的生活服务。

而"互联网+"时代，是互联网和社会经济各个行业，尤其是传统行业的全面融合时代。互联网的技术手段、思维方式和服务理念，不仅全面应用到第三产业，形成了诸如互联网金融、在线医疗、在线教育等互联网消费生态圈，而且也在向第一和第二产业渗透，工业互联网加速个性化、柔性化生产，并且从消费品向能源、新材料等制造领域渗透；农业互联网也在从电商销售环节向农产品生产、流通乃至生态环境保护等环节渗透。

"互联网+"的终极目标和使命，就是万物互联，互联网和空气、水、电一样，成为泛在的社会生活环境，大媒体产业诞生。在这样的时代，信息与信息、人与人、物与物都实现全面的互联互通，时间和空间、真实和虚拟、线上和线下全面融合。互联网精神的本质，就是开放、共享、互通，通过信息和数据的实时对接，产营消各个运行环节的实时互通，产品和服务的实时响应，体现以人为核心的服务理念和人文情怀。

3. 云、网、端的战略格局

"互联网+"战略格局包括云、网、端三个层次。"云"是由大数据和云计算构成的基础资源。大数据是基于各种经济、商业、交易、消费行为的可数据化，个人化的图文影音、思想情感、兴趣喜好、社交关系、地理位置可以数据化，组织化的研发设计、生产加工、商品流通、营销服务也都可以数据化，各种行为的数据化使监测、对接、交互、分析成为可能。IDC（互联网数据中心）于2012年发布的研究报告《2020年的数字宇宙：大数据、更大的数字阴影以及远东地区实现最快增长》指出：2013~2020年，数字宇宙的规模每两年将翻一番，预计到2020年全球数据总量将超过40ZB（相当于4万亿GB），人类社会进入大数据时代。

数据的价值在于挖掘和分析，这也是大数据和云计算密不可分的原因。大数据和云计算是信息和网络社会特有的技术、方法和工具，通过对海量数据的分析挖掘和应用，获得对于内在规律和未来趋势的认识和洞见。[①]大数据和云计算成为"互联网+"的战略基础，生产效率的提升、商业模式的创新，都有赖于对数据资源的集成、利用和开发能力。

"网"是指互联网、移动互联网、物联网等多重网络技术的融合，网络的承载能力、传输能力和交互能力不断提升。互联网的连接性和交互性使数据的流动性不断增强，大数据在互联网平台上成为流动的"活数据"，只有流动的活数据，才能被调用和挖掘。在各行业之间、在行业内的上下游之间、在不同协作主体之间形成的海量数据不断产生交互，进行有形和无形的价值创造。

"端"则是用户直接使用的个人电脑、移动设备、可穿戴设备、传感器，以及基于移动终端的各种软件应用。"端"既是满足用户需求的渠道，又是企业商家提供产品和服务的界面，也是大数据的重要来源。

云、网、端的结合，是"互联网+"战略应用到各行各业的基本模式。无论是新兴产业还是传统产业，都需要利用互联网平台，进行数据资源的集成和分析，掌握用户的精细化需求，提升生产研发效率，与用户实时交互，创新产品和服务。

---

① 【英】维克托·迈尔-舍恩伯格、肯尼思·库克耶著，盛海燕、周涛译：《大数据时代：生活、工作与思维的大变革》，浙江人民出版社，2013 年 1 月。

4. 社会化分工和协同创新

正如前面所分析的，"互联网＋"的"＋"就是连接性，不仅仅是技术、信息、数据、资源的连接，更重要的是人的连接。消费者和消费者的连接，使消费者的主权得以真正实现，以企业为中心的产消分离格局，转变为以消费者为中心的产消一体化格局，形成新型的社会化分工和协同机制。

以企业为中心的产消分离模式，即B2C（企业对消费者）的商业模式，其基本形态是：大规模生产＋同质化商品＋大众营销；而以消费者为中心的产消一体化模式，即新型的C2B（消费者对企业）模式，要求企业建立柔性化的生产系统和供应链的协同机制，将企业生产系统和消费需求打通，使消费需求数据能够迅捷地传达给生产系统内部，由生产商根据市场需求变化组织物料采购、生产制造和物流配送，实现高度弹性化、柔性化的管理。"多品种、小批量、快翻新、零库存"的柔性化生产模式正在逐步成为主流。

产消一体化的更高阶段是消费者直接参与生产。阿尔文·托夫勒在2006年出版的《财富的革命》中最早提出了"产消者"（prosumer）的概念，意指生产者（producer）和消费者（consumer）的角色和功能融合，并且预言"产消合一经济"的到来。"产消合一"正是基于"消费者参与"这一核心逻辑，生产、营销、传播、消费，都离不开消费者的自主参与。互联网、移动互联网、社交网络的结合，激发了消费者的自我表达和群体参与的热情，消费者基于社交平台表达需求、分享体验、贡献创意、协作生产，建构了以消费者参与为核心的"生产—营销—消费"一体化模式，并且在整个社会层面形成了社会化的分工和协同创新机制。

消费者参与"生产"和消费者主动"创造"，是"互联网+"时代创新的动力源泉。移动互联网求新求快，技术不断迭代，产品不断创新，消费者需求越来越个性化和精细化，企业依靠自身的力量无法应对这种创新速度，企业需要也必须让用户深入参与到产品创新体系中。"众包"是常见的协作生产模式，蕴含着强大的生产力和创造性，是产品创新的有效路径。小米的成功不仅是营销的成功，更是商业模式的成功。小米以粉丝参与为核心，建造了粉丝自生产、自传播和自消费的生态圈。企业和消费者的协同创新，成为未来商业的核心驱动力。

互联网的变革力量，从互联网和信息产业本身，拓展到社会经济各个产业，经历了从虚拟经济到实体经济不断扩散和渗透的过程。当实体产业被纳入互联网的经济范畴，就在整个社会层面形成了全新的经济形态——互联网经济体。

"互联网+"的提出，完成了从最初的技术概念，到实践应用的商业模式和经济形态，再到整个国家战略理念的升华。

互联网经济体，一方面拉动经济增长，促进传统行业的转型升级，推动技术、产品和商业模式创新；另一方面培养来自社会大众的创新能力，促进企业和消费者的协同创新机制，激发创业者和小微企业主的企业家精神，从而推动社会化创新的大趋势。

中国人民大学传播学博士，北京联合大学管理学院讲师

金 韶

第二章

全文解读《国务院关于积极推进
"互联网＋"行动的指导意见》

"互联网+"是把互联网的创新成果与经济社会各领域深度融合，推动技术进步、效率提升和组织变革，提升实体经济创新力和生产力，形成更广泛的以互联网为基础设施和创新要素的经济社会发展新形态。在全球新一轮科技革命和产业变革中，互联网与各领域的融合发展具有广阔前景和无限潜力，已成为不可阻挡的时代潮流，正对各国经济社会发展产生着战略性和全局性的影响。积极发挥我国互联网已经形成的比较优势，把握机遇，增强信心，加快推进"互联网+"发展，有利于重塑创新体系、激发创新活力、培育新兴业态和创新公共服务模式，对打造大众创业、万众创新和增加公共产品、公共服务"双引擎"，主动适应和引领经济发展新常态，形成经济发展新动能，实现中国经济提质增效升级具有重要意义。

近年来，我国在互联网技术、产业、应用以及跨界融合等方面取得了积极进展，已具备加快推进"互联网＋"发展的坚实基础，但也存在传统企业运用互联网的意识和能力不足、互联网企业对传统产业理解不够深入、新业态发展面临体制机制障碍、跨界融合型人才严重匮乏等问题，亟待解决。为加快推动互联网与各领域深入融合和创新发展，充分发挥"互联网＋"对稳增长、促改革、调结构、惠民生、防风险的重要作用，现就积极推进"互联网＋"行动提出以下意见。

专家解读：

2015 年 3 月 5 日国务院总理李克强做政府工作报告时，首次提出国家要制定"互联网＋"战略。《国务院关于积极推进"互联网＋"行动的指导意见》（以下简称"指导意见"）的发布，意味着"互联网＋"战略步入全面实践阶段，将成为引领经济发展新常态的重要力量。

从全球发展趋势来看，新一轮技术变革将可能催生出新一轮全球经济繁荣。指导意见提出形成更广泛的以互联网为基础设施和创新要素的经济社会发展新形态，推动互联网与各领域的融合发展正是抓住了新一轮技术变革的要害。从发展基础来看，经过过去二十多年的发展，目前我国互联网经济的规模已经处于领先水平，已具备加快推进"互联网＋"发展的基础。根据麦肯锡的测算，2010~2013 年，我国 iGDP（互联网经济）

占 GDP 的比重已经由 3.3% 上升至 4.4%，到 2025 年，互联网有望提升 GDP 增长率 0.3~1 个百分点。可以说，"互联网+"战略带来的市场空间和释放的发展能量将非常巨大，是一项名副其实的、关系全局的国家战略任务。

当前，我国的"互联网+"实践正在不断涌现，包括大家熟知的互联网金融、手机应用打车等，但也存在"+"的广度和深度不足、基础支撑不强等问题。指导意见从顶层设计的角度对"互联网+"实践提供指导和政策支持，不管是对新常态下的经济发展，还是对促进"互联网+"市场的发展，都正当其时。

1. 行动要求

（1）总体思路

顺应世界"互联网+"发展趋势，充分发挥我国互联网的规模优势和应用优势，推动互联网由消费领域向生产领域拓展，加速提升产业发展水平，增强各行业创新能力，构筑经济社会发展新优势和新动能。坚持改革创新和市场需求导向，突出企业的主体作用，大力拓展互联网与经济社会各领域融合的广度和深度。着力深化体制机制改革，释放发展潜力和活力；着力做优存量，推动经济提质增效和转型升级；着力做大增量，培育新兴业态，打造新的增长点；着力创新政府服务模式，夯实网络发展基础，营造安全网络环境，提升公共服务水平。

专家解读：

总体思路呼应新常态下经济发展的总体部署。主要包含三个要点：一是推动互联网由消费领域向生产领域拓展，这是"互联网＋"战略下的重大思路转向。当前，我国互联网的应用主要是在消费需求领域，比如家庭互联网消费、信息消费等，但互联网与生产供给体系的融合不足，因此这种转向将推动市场打开另一个巨大的发展空间。二是突出企业的主体作用，这明确了"互联网＋"战略的实施主体是企业，要让市场发挥决定性、创造性作用。三是着力深化体制机制改革和创新政府服务模式，强调了在"互联网＋"战略中政府的作用是优化发展环境，提供公共服务和发展基础设施。

（2）基本原则

坚持开放共享。营造开放包容的发展环境，将互联网作为生产生活要素共享的重要平台，最大限度优化资源配置，加快形成以开放、共享为特征的经济社会运行新模式。

坚持融合创新。鼓励传统产业树立互联网思维，积极与"互联网＋"相结合。推动互联网向经济社会各领域加速渗透，以融合促创新，最大程度汇聚各类市场要素的创新力量，推动融合性新兴产业成为经济发展新动力和新支柱。

坚持变革转型。充分发挥互联网在促进产业升级以及信息化和工业化深度融合中的平台作用,引导要素资源向实体经济集聚,推动生产方式和发展模式变革。创新网络化公共服务模式,大幅提升公共服务能力。

坚持引领跨越。巩固提升我国互联网发展优势,加强重点领域前瞻性布局,以互联网融合创新为突破口,培育壮大新兴产业,引领新一轮科技革命和产业变革,实现跨越式发展。

坚持安全有序。完善互联网融合标准规范和法律法规,增强安全意识,强化安全管理和防护,保障网络安全。建立科学有效的市场监管方式,促进市场有序发展,保护公平竞争,防止形成行业垄断和市场壁垒。

专家解读:

五个基本原则构成了一个体系:开放共享原则赋予"互联网+"最宽的发展广度,即不管是"+"的领域还是方式,都是开放和灵活的,最终形成"经济社会运行新模式"。融合创新原则对"互联网+"的深度提出要求,融合是基本要求,创新是亮点。变革转型和引领跨越原则是对前面两个原则的呼应,其中,变革转型原则是现阶段实施"互联网+"战略的重点,依托"互联网+"战略的技术性变革和体制性变革均将推动整个经济发展转型,实现存量升级,引领跨越原则是以"互联网+"战略为突破点,引领创业创新,形成增量发展。安全有序原则是

"互联网+"战略的底线，是实现可持续发展的重要保障，也是新形势下维护国家经济安全的重点领域。

（3）发展目标

到 2018 年，互联网与经济社会各领域的融合发展进一步深化，基于互联网的新业态成为新的经济增长动力，互联网支撑大众创业、万众创新的作用进一步增强，互联网成为提供公共服务的重要手段，网络经济与实体经济协同互动的发展格局基本形成。

——经济发展进一步提质增效。互联网在促进制造业、农业、能源、环保等产业转型升级方面取得积极成效，劳动生产率进一步提高。基于互联网的新兴业态不断涌现，电子商务、互联网金融快速发展，对经济提质增效的促进作用更加凸显。

——社会服务进一步便捷普惠。健康医疗、教育、交通等民生领域的互联网应用更加丰富，公共服务更加多元，线上线下结合更加紧密。社会服务资源配置不断优化，公众享受到更加公平、高效、优质、便捷的服务。

——基础支撑进一步夯实提升。网络设施和产业基础得到有效巩固加强，应用支撑和安全保障能力明显增强。固定宽带网络、新一代移动通信网和下一代互联网加快发展，物联网、云计算等新型基础设施更加完备。人工智能等技术及其产业化能力显著增强。

——发展环境进一步开放包容。全社会对互联网融合创新的认识不断深入，互联网融合发展面临的体制机制障碍有效破除，公共数据资源开放取得实质性进展，相关标准规范、信用体系和法律法规逐步完善。

到2025年，网络化、智能化、服务化、协同化的"互联网+"产业生态体系基本完善，"互联网+"新经济形态初步形成，"互联网+"成为经济社会创新发展的重要驱动力量。

专家解读：

发展目标的设定着眼于宏观层面，透视出国家赋予"互联网+"战略高层次的意义。四大目标分为两类：一类是"+"的目标，即"互联网+经济发展"与"互联网+社会服务"，"+"的过程是个互动融合的过程，最终的目标是经济提质增效升级和社会服务公平高效、优质便捷；另外一类是推动"+"的基础建设，重点是巩固互联网行业发展的基础，提升服务经济社会发展的能力。除此之外，指导意见还设定了阶段性目标，即2018年短期目标和2025年中长期目标，短期目标突出了互联网在培育新业态、推动创新创业、增强公共服务等重点领域的应用和融合，长期目标更多强调产业生态体系和新经济形态。

2. 重点行动

（1）"互联网＋"创业创新

充分发挥互联网的创新驱动作用，以促进创业创新为重点，推动各类要素资源聚集、开放和共享，大力发展众创空间、开放式创新等，引导和推动全社会形成大众创业、万众创新的浓厚氛围，打造经济发展新引擎。（发展改革委、科技部、工业和信息化部、人力资源社会保障部、商务部等负责，列第一位者为牵头部门，下同）

第一，强化创业创新支撑。鼓励大型互联网企业和基础电信企业利用技术优势和产业整合能力，向小微企业和创业团队开放平台入口、数据信息、计算能力等资源，提供研发工具、经营管理和市场营销等方面的支持和服务，提高小微企业信息化应用水平，培育和孵化具有良好商业模式的创业企业。充分利用互联网基础条件，完善小微企业公共服务平台网络，集聚创业创新资源，为小微企业提供找得着、用得起、有保障的服务。

第二，积极发展众创空间。充分发挥互联网开放创新优势，调动全社会力量，支持创新工场、创客空间、社会实验室、智慧小企业创业基地等新型众创空间发展。充分利用国家自主创新示范区、科技企业孵化器、大学科技园、商贸企业集聚区、小微企业创业示范基地等现有条件，通过市场化方式构建一批创新与创业相结合、线上与线下相结合、孵化与投资相结合的众创空间，为创业者提供低成本、便利化、全要素的工作空间、网络空间、社交空间和资源共享空间。实施新兴产业"双创"行动，建立一批新兴产业"双创"示范基地，加快发展"互联网+"创业网络体系。

第三，发展开放式创新。鼓励各类创新主体充分利用互联网，把握市场需求导向，加强创新资源共享与合作，促进前沿技术和创新成果及时转化，构建开放式创新体系。推动各类创业创新扶持政策与互联网开放平台联动协作，为创业团队和个人开发者提供绿色通道服务。加快发展创业服务业，积极推广众包、用户参与设计、云设计等新型研发组织模式，引导建立社会各界交流合作的平台，推动跨区域、跨领域的技术成果转移和协同创新。

专家解读：

创业创新是经济提质增效升级的重要战略，是经济内生发展动力的重要来源，在全球经济迈向新的知识经济时代之际，让互联网和创新创业相互融合、相互促进，具有特殊的经济社会意义。指导意见突出了对小微企业和个体创业者的政策扶持导向，尤其是在公共服务平台网络建设、新型众创空间、创新创业绿色通道服务等方面，指导意见提出了明确的任务要求，将有助于解决当前制约小微企业和个体创新创业的基础性问题。

"互联网＋"创新创业对于大学毕业生等年轻创业者而言是一项重大政策利好。长期以来，他们抱有创业的志向和激情，但也面临着场地、资金等方面的制约，高创业门槛和高失败成本使得很多大学毕业生不敢"不走平凡路"，指导意见提出的创新工场、创客空间等将为这些年轻创业者提供一揽子创业基础支持，不仅会降低他们创业的门槛和成本，同时集聚式的创业创新也会提高创业成功的概率。

（2）"互联网＋"协同制造

推动互联网与制造业融合，提升制造业数字化、网络化、智能化水平，加强产业链协作，发展基于互联网的协同制造新模式。在重点领域推进智能制造、大规模个性化定制、网络化协同制造和服务型制造，打造一批网络化协同制造公共服务平台，加快形成制造业网络化产业生态体系。（工业和信息化部、发展改革委、科技部共同牵头）

第一，大力发展智能制造。以智能工厂为发展方向，开展智能制造试点示范，加快推动云计算、物联网、智能工业机器人、增材制造等技术在生产过程中的应用，推进生产装备智能化升级、工艺流程改造和基础数据共享。着力在工控系统、智能感知元器件、工业云平台、操作系统和工业软件等核心环节取得突破，加强工业大数据的开发与利用，有效支撑制造业智能化转型，构建开放、共享、协作的智能制造产业生态。

第二，发展大规模个性化定制。支持企业利用互联网采集并对接用户个性化需求，推进设计研发、生产制造和供应链管理等关键环节的柔性化改造，开展基于个性化产品的服务模式和商业模式创新。鼓励互联网企业整合市场信息，挖掘细分市场需求与发展趋势，为制造企业开展个性化定制提供决策支撑。

第三，提升网络化协同制造水平。鼓励制造业骨干企业通过互联网与产业链各环节紧密协同，促进生产、质量控制和运营管理系统全面互联，推行众包设计研发和网络化制造等新模式。鼓励有实力的互联网企业构建网络化协同制造公共服务平台，面向细分行业提供云制造服务，促进创新资源、生产能力、市场需求的集聚与对接，提升服务中小微企业能力，加快全社会多元化制造资源的有效协同，提高产业链资源整合能力。

第四，加速制造业服务化转型。鼓励制造企业利用物联网、云计算、大数据等技术，整合产品全生命周期数据，形成面向生产组织全过程的决策服务信息，为产品优化升级提供数据支撑。鼓励企业基于互联网开展故障预警、远程维护、质量诊断、远程过程优化等在线增值服务，拓展产品价值空间，实现从制造向"制造+服务"的转型升级。

专家解读：

互联网和制造业结合是制造强国的必然趋势，随着"工业4.0"和"工业互联网"等的兴起，无论是制造业的参与者角色、制造理念、模式还是驱动力，都会被颠覆和重构，指导意见提出的四项内容均是我国实现从制造大国向制造强国升级的重点领域。对于企业来说，需要重点理解和把握"互联网＋"协同制造背后的两个要点：一是产业技术特征的重大变革。互联网技术把产品、机器、资源和人有机联系在一起，推动各环节数据共享，实现产品全生命周期和全制造流程的数字化智能制造，企业的运营理念和生产组织架设要适应这种产业技术变革。二是需求特征的重大改变。随着消费升级和个性化需求的增加，以及3D打印等数字化和信息技术的普及，大规模个性化定制将打开巨大的市场发展新空间。与此相伴，大规模定制门槛的降低，也会引起商业模式、市场竞争格局的相应调整。

（3）"互联网＋"现代农业

利用互联网提升农业生产、经营、管理和服务水平，培育一批网络化、智能化、精细化的现代"种养加"生态农业新模式，形成示范带动效应，加快完善新型农业生产经营体系，培育多样化农业互联网管理服务模式，逐步建立农副产品、农资质量安全追溯体系，促进农业现代化水平明显提升。（农业部、发展改革委、科技部、商务部、质检总局、食品药品监管总局、林业局等负责）

第一，构建新型农业生产经营体系。鼓励互联网企业建立农业服务平台，支撑专业大户、家庭农场、农民合作社、农业产业化龙头企业等新型农业生产经营主体,加强产销衔接,实现农业生产由生产导向向消费导向转变。提高农业生产经营的科技化、组织化和精细化水平,推进农业生产流通销售方式变革和农业发展方式转变,提升农业生产效率和增值空间。规范用好农村土地流转公共服务平台,提升土地流转透明度,保障农民权益。

第二,发展精准化生产方式。推广成熟可复制的农业物联网应用模式。在基础较好的领域和地区,普及基于环境感知、实时监测、自动控制的网络化农业环境监测系统。在大宗农产品规模生产区域,构建天地一体的农业物联网测控体系,实施智能节水灌溉、测土配方施肥、农机定位耕种等精准化作业。在畜禽标准化规模养殖基地和水产健康养殖示范基地,推动饲料精准投放、疾病自动诊断、废弃物自动回收等智能设备的应用普及和互联互通。

第三,提升网络化服务水平。深入推进信息进村入户试点,鼓励通过移动互联网为农民提供政策、市场、科技、保险等生产生活信息服务。支持互联网企业与农业生产经营主体合作,综合利用大数据、云计算等技术,建立农业信息监测体系,为灾害预警、耕地质量监测、重大动植物疫情防控、市场波动预测、经营科学决策等提供服务。

第四,完善农副产品质量安全追溯体系。充分利用现有互联网资源,构建农副产品质量安全追溯公共服务平台,推进制度标准建设，建立产地准出与市场准入衔接机制。支持新型农业生产经营主体利用互联网技术，对生产经营过程进行精细化信息化管理，加快推动移动互联网、物联网、二维码、无线射频识别等信息技术在生产加工和流通销售各环节的推广应用，强化上下游追溯体系对接和信息互通共享，不断扩大追溯体系覆盖面，实现农副产品"从农田到餐桌"全过程可追溯，保障"舌尖上的安全"。

专家解读：

随着我国居民收入不断提高，消费升级趋势将不断强化，这为"互联网+"现代农业的发展带来了新的市场空间。当前，我国"互联网+"现代农业的发展已经初具规模，下一步是要在总结发展规律和模式的基础之上，形成示范带动效应，更加有效地向前推进。指导意见提出，要通过"互联网+"现代农业，实现农业生产由生产导向向消费导向转变，这是我国现代农业发展的重要趋势，精准化生产方式、网络化服务水平都是为了更好地服务于这种生产经营导向的转变。农业企业能否利用互联网实现上述转变，走新型化的高附加值发展道路，将成为生存和竞争的关键。另外，指导意见对农副产品质量安全追溯体系加以强调，凸显出食品安全问题对当前农业发展的制约，对于消费者来说，个性化的消费首先必须是安全的消费，因此，农业企业在走高附加值发展道路的过程中，必须守住食品安全这条底线。

（4）"互联网+"智慧能源

通过互联网促进能源系统扁平化，推进能源生产与消费模式革命，提高能源利用效率，推动节能减排。加强分布式能源网络建设，提高可再生能源占比，促进能源利用结构优化。加快发电设施、用电设施和电网智能化改造，提高电力系统的安全性、稳定性和可靠性。（能源局、发展改革委、工业和信息化部等负责）

第一，推进能源生产智能化。建立能源生产运行的监测、管理和调度信息公共服务网络，加强能源产业链上下游企业的信息对接和生产消费智能化，支撑电厂和电网协调运行，促进非化石能源与化石能源协同发电。鼓励能源企业运用大数据技术对设备状态、电能负载等数据进行分析挖掘与预测，开展精准调度、故障判断和预测性维护，提高能源利用效率和安全稳定运行水平。

第二，建设分布式能源网络。建设以太阳能、风能等可再生能源为主体的多能源协调互补的能源互联网。突破分布式发电、储能、智能微网、主动配电网等关键技术，构建智能化电力运行监测、管理技术平台，使电力设备和用电终端基于互联网进行双向通信和智能调控，实现分布式电源的及时有效接入，逐步建成开放共享的能源网络。

第三，探索能源消费新模式。开展绿色电力交易服务区域试点，推进以智能电网为配送平台，以电子商务为交易平台，融合储能设施、物联网、智能用电设施等硬件以及碳交易、互联网金融等衍生服务于一体的绿色能源网络发展，实现绿色电力的点到点交易及实时配送和补贴结算。进一步加强能源生产和消费协调匹配，推进电动汽车、港口岸电等电能替代技术的应用，推广电力需求侧管理，提高能源利用效率。基于分布式能源网络，发展用户端智能化用能、能源共享经济和能源自由交易，促进能源消费生态体系建设。

第四，发展基于电网的通信设施和新型业务。推进电力光纤到户工程，完善能源互联网信息通信系统。统筹部署电网和通信网深度融合的网络基础设施，实现同缆传输、共建共享，避免重复建设。鼓励依托智能电网发展家庭能效管理等新型业务。

专家解读：

对于企业来说，要重点理解指导意见的出发点：一是互联网与能源的结合将打破集中式能源体系下的诸多重大技术性问题，包括远距离输送、能源效率、供需平衡调控等。二是互联网与能源的结合将改变消费者不能左右能源生产与供给的格局，使得"人人既是生产者，也是使用者"成为可能，市场交易主体数量将更为庞大，竞争也将更为充分和透明。在商业实践中，如果能够用好互联网所带来的扁平、高效、以客户为中心等特征,用互联网的分散化思维去理解和构建未来的能源网络,将有望推动形成一场重大的能源革命。

（5）"互联网+"普惠金融

促进互联网金融健康发展,全面提升互联网金融服务能力和普惠水平,鼓励互联网与银行、证券、保险、基金的融合创新,为大众提供丰富、安全、便捷的金融产品和服务,更好满足不同层次实体经济的投融资需求,培育一批具有行业影响力的互联网金融创新型企业。（人民银行、银监会、证监会、保监会、发展改革委、工业和信息化部、网信办等负责。）

第一,探索推进互联网金融云服务平台建设。探索互联网企业构建互联网金融云服务平台。在保证技术成熟和业务安全的基础上,支持金融企业与云计算技术提供商合作开展金融公共云服务,提供多样化、个性化、精准化的金融产品。支持银行、证券、保险企业稳妥实施系统架构转型,鼓励探索利用云服务平台开展金融核心业务,提供基于金融云服务平台的信用、认证、接口等公共服务。

第二,鼓励金融机构利用互联网拓宽服务覆盖面。鼓励各金融机构利用云计算、移动互联网、大数据等技术手段,加快金融产品和服务创新,在更广泛地区提供便利的存贷款、支付结算、信用中介平台等金融服务,拓宽普惠金融服务范围,为实体经济发展提供有效支撑。支持金融机构和互联网企业依法合规开展网络借贷、网络证券、网络保险、互联网基金销售等业务。扩大专业互联网保险公司试点，充分发挥保险业在防范互联网金融风险中的作用。推动金融集成电路卡（IC卡）全面应用，提升电子现金的使用率和便捷性。发挥移动金融安全可信公共服务平台（MTPS）的作用，积极推动商业银行开展移动金融创新应用，促进移动金融在电子商务、公共服务等领域的规模应用。支持银行业金融机构借助互联网技术发展消费信贷业务，支持金融租赁公司利用互联网技术开展金融租赁业务。

第三，积极拓展互联网金融服务创新的深度和广度。鼓励互联网企业依法合规提供创新金融产品和服务，更好满足中小微企业、创新型企业和个人的投融资需求。规范发展网络借贷和互联网消费信贷业务，探索互联网金融服务创新。积极引导风险投资基金、私募股权投资基金和产业投资基金投资于互联网金融企业。利用大数据发展市场化个人征信业务，加快网络征信和信用评价体系建设。加强互联网金融消费权益保护和投资者保护，建立多元化金融消费纠纷解决机制。改进和完善互联网金融监管，提高金融服务安全性，有效防范互联网金融风险及其外溢效应。

专家解读：

互联网金融已经成为当前的经济热点，指导意见将重点落在了"普惠"上，体现出国家金融发展的战略性布局。我国是银行主导型金融体系，金融抑制特征仍然明显，其中最为突出的问题是大量中小企业融资难、融资贵，以及个人投资渠道少、理财难，"互联网+"普惠金融的目的正是要解决这两大长期存在的金融发展难题。对于互联网企业和金融机构来说，不管从潜在客户群体的规模，还是金融服务需求特征来看，"互联网+"普惠金融所打开的是一个巨大且更多元化的市场，要求他们在服务模式、产品开发设计等方面做出调整。对于金融监管部门来说，"互联网+"普惠金融本身就是一项重大创新，目前市场上出现的很多互联网金融产品实质上已经打破了传统的监管框架，监管部门应该继续解放思想，在守住系统性风险这条底线的前提下，给予市场充分的发展空间。值得注意的是，7月18日，央行等十部委联合发布了《关于促进互联网金融健康发展的指导意见》，已经针对不同性质的互联网金融业态，明确了业务边界，以及监管部门的监管分工。

（6）"互联网+"益民服务

充分发挥互联网的高效、便捷优势，提高资源利用效率，降低服务消费成本。大力发展以互联网为载体、线上线下互动的新兴消费，加快发展基于互联网的医疗、健康、养老、教育、旅游、社会保障等新兴服务，创新政府服务模式，提升政府科学决策能力和管理水平。（发展改革委、教育部、工业和信息化部、民政部、人力资源社会保障部、商务部、卫生计生委、质检总局、食品药品监管总局、林业局、旅游局、网信办、信访局等负责。）

第一，创新政府网络化管理和服务。加快互联网与政府公共服务体系的深度融合，推动公共数据资源开放，促进公共服务创新供给和服务资源整合，构建面向公众的一体化在线公共服务体系。积极探索公众参与的网络化社会管理服务新模式，充分利用互联网、移动互联网应用平台等，加快推进政务新媒体发展建设，加强政府与公众的沟通交流，提高政府公共管理、公共服务和公共政策制定的响应速度，提升政府科学决策能力和社会治理水平，促进政府职能转变和简政放权。深入推进网上信访，提高信访工作质量、效率和公信力。鼓励政府和互联网企业合作建立信用信息共享平台，探索开展一批社会治理互联网应用试点，打通政府部门、企事业单位之间的数据壁垒，利用大数据分析手段，提升各级政府的社会治理能力。加强对"互联网+"行动的宣传，提高公众参与度。

第二，发展便民服务新业态。发展体验经济，支持实体零售商综合利用网上商店、移动支付、智能试衣等新技术，打造体验式购物模式。发展社区经济，在餐饮、娱乐、家政等领域培育线上线下结合的社区服务新模式。发展共享经济，规范发展网络约租车，积极推广在线租房等新业态，着力破除准入门槛高、服务规范难、个人征信缺失等瓶颈制约。发展基于互联网的文化、媒体和旅游等服务，培育形式多样的新型业态。积极推广基于移动互联网入口的城市服务，开展网上社保办理、个人社保权益查询、跨地区医保结算等互联网应用，让老百姓足不出户享受便捷高效的服务。

第三，推广在线医疗卫生新模式。发展基于互联网的医疗卫生服务，支持第三方机构构建医学影像、健康档案、检验报告、电子病历等医疗信息共享服务平台，逐步建立跨医院的医疗数据共享交换标准体系。积极利用移动互联网提供在线预约诊疗、候诊提醒、划价缴费、诊疗报告查询、药品配送等便捷服务。引导医疗机构面向中小城市和农村地区开展基层检查、上级诊断等远程医疗服务。鼓励互联网企业与医疗机构合作建立医疗网络信息平台，加强区域医疗卫生服务资源整合，充分利用互联网、大数据等手段，提高重大疾病和突发公共卫生事件防控能力。积极探索互联网延伸医嘱、电子处方等网络医疗健康服务应用。鼓励有资质的医学检验机构、医疗服务机构联合互联网企业，发展基因检测、疾病预防等健康服务模式。

第四，促进智慧健康养老产业发展。支持智能健康产品创新和应用，推广全面量化健康生活新方式。鼓励健康服务机构利用云计算、大数据等技术搭建公共信息平台，提供长期跟踪、预测预警的个性化健康管理服务。发展第三方在线健康市场调查、咨询评价、预防管理等应用服务，提升规范化和专业化运营水平。依托现有互联网资源和社会力量，以社区为基础，搭建养老信息服务网络平台，提供护理看护、健康管理、康复照料等居家养老服务。鼓励养老服务机构应用基于移动互联网的便携式体检、紧急呼叫监控等设备，提高养老服务水平。

第五，探索新型教育服务供给方式。鼓励互联网企业与社会教育机构根据市场需求开发数字教育资源，提供网络化教育服务。鼓励学校利用数字教育资源及教育服务平台，逐步探索网络化教育新模式，扩大优质教育资源覆盖面，促进教育公平。鼓励学校通过与互联网企业合作等方式，对接线上线下教育资源，探索基础教育、职业教育等教育公共服务提供新方式。推动开展学历教育在线课程资源共享，推广大规模在线开放课程等网络学习模式，探索建立网络学习学分认定与学分转换等制度，加快推动高等教育服务模式变革。

专家解读：

"互联网＋"益民服务是 11 项重点行动中篇幅最长的，既涉及政府服务和公共服务，也涉及市场化的服务领域，可见其分量之重。首先，实施"互联网＋"益民服务行动的目的，是让老百姓通过互联网享受到便捷、高效、高质量、个性化的社会服务，给老百姓带来切切实实的实惠。其次，指导意见主要是针对涉及老百姓切身利益的问题做出部署，包括政务、便民、医疗、教育、健康五个方面，这些领域既是老百姓长期以来最为关心的公共民生问题，也是顺应发展规律、大有可为的领域。最后，当前线上线下结合，产生了很多新兴服务，涉及出行、家政、洗衣等方面，已经给老百姓带来了切切实实的实惠，指导意见明确要鼓励发展这些新兴业态，将会进一步推动相关的创业和市场发展。

（7）"互联网+"高效物流

加快建设跨行业、跨区域的物流信息服务平台，提高物流供需信息对接和使用效率。鼓励大数据、云计算在物流领域的应用，建设智能仓储体系，优化物流运作流程，提升物流仓储的自动化、智能化水平和运转效率，降低物流成本。（发展改革委、商务部、交通运输部、网信办等负责。）

第一，构建物流信息共享互通体系。发挥互联网信息集聚优势，聚合各类物流信息资源，鼓励骨干物流企业和第三方机构搭建面向社会的物流信息服务平台，整合仓储、运输和配送信息，开展物流全程监测、预警，提高物流安全、环保和诚信水平，统筹优化社会物流资源配置。构建互通省际、下达市县、兼顾乡村的物流信息互联网络，建立各类可开放数据的对接机制，加快完善物流信息交换开放标准体系，在更广范围促进物流信息充分共享与互联互通。

第二，建设深度感知智能仓储系统。在各级仓储单元积极推广应用二维码、无线射频识别等物联网感知技术和大数据技术，实现仓储设施与货物的实时跟踪、网络化管理以及库存信息的高度共享，提高货物调度效率。鼓励应用智能化物流装备提升仓储、运输、分拣、包装等作业效率，提高各类复杂订单的出货处理能力，缓解货物囤积停滞瓶颈制约，提升仓储运管水平和效率。

第三，完善智能物流配送调配体系。加快推进货运车联网与物流园区、仓储设施、配送网点等信息互联，促进人员、货源、车源等信息高效匹配，有效降低货车空驶率，提高配送效率。鼓励发展社区自提柜、冷链储藏柜、代收服务点等新型社区化配送模式，结合构建物流信息互联网络，加快推进县到村的物流配送网络和村级配送网点建设，解决物流配送"最后一公里"问题。

专家解读：

传统经济活动中的"物流"和"信息流"是共生但平行的，"互联网＋"高效物流的发展将改变两者的关系，使得物流和信息流得以交叉和相互促进，即物流产生信息流，将信息流汇集整理后再找到提升物流效率的途径。这其中，最为关键的是将每一笔信息汇集起来，谁拥有的信息池越大，开发利用得越好，谁的物流效率提升得就越明显，存在一定的技术性垄断特征，行业发展可能走向寡头垄断。指导意见提出构建物流信息共享互通体系，意在整合全社会的信息流，建成高效物流体系的公共基础设施，但能否落实还有待实践观察。对于物流企业来说，从竞争的角度来看仍要考虑上述技术性特征，抓住先行者机遇，加快布局。

（8）"互联网+"电子商务

巩固和增强我国电子商务发展领先优势，大力发展农村电商、行业电商和跨境电商，进一步扩大电子商务发展空间。电子商务与其他产业的融合不断深化，网络化生产、流通、消费更加普及，标准规范、公共服务等支撑环境基本完善。（发展改革委、商务部、工业和信息化部、交通运输部、农业部、海关总署、税务总局、质检总局、网信办等负责。）

第一，积极发展农村电子商务。开展电子商务进农村综合示范，支持新型农业经营主体和农产品、农资批发市场对接电商平台，积极发展以销定产模式。完善农村电子商务配送及综合服务网络，着力解决农副产品标准化、物流标准化、冷链仓储建设等关键问题，发展农产品个性化定制服务。开展生鲜农产品和农业生产资料电子商务试点，促进农业大宗商品电子商务发展。

第二，大力发展行业电子商务。鼓励能源、化工、钢铁、电子、轻纺、医药等行业企业，积极利用电子商务平台优化采购、分销体系，提升企业经营效率。推动各类专业市场线上转型，引导传统商贸流通企业与电子商务企业整合资源，积极向供应链协同平台转型。鼓励生产制造企业面向个性化、定制化消费需求深化电子商务应用，支持设备制造企业利用电子商务平台开展融资租赁服务，鼓励中小微企业扩大电子商务应用。按照市场化、专业化方向，大力推广电子招标投标。

第三，推动电子商务应用创新。鼓励企业利用电子商务平台的大数据资源，提升企业精准营销能力，激发市场消费需求。建立电子商务产品质量追溯机制，建设电子商务售后服务质量检测云平台，完善互联网质量信息公共服务体系，解决消费者维权难、退货难、产品责任追溯难等问题。加强互联网食品药品市场监测监管体系建设，积极探索处方药电子商务销售和监管模式创新。鼓励企业利用移动社交、新媒体等新渠道，发展社交电商、"粉丝"经济等网络营销新模式。

第四，加强电子商务国际合作。鼓励各类跨境电子商务服务商发展，完善跨境物流体系，拓展全球经贸合作。推进跨境电子商务通关、检验检疫、结汇等关键环节单一窗口综合服务体系建设。创新跨境权益保障机制，利用合格评定手段，推进国际互认。创新跨境电子商务管理，促进信息网络畅通、跨境物流便捷、支付及结汇无障碍、税收规范便利、市场及贸易规则互认互通。

专家解读：

电子商务本身具有互联网的基因，是近年来增长最快的市场领域。指导意见利用互联网的无界性特征，将侧重点放在农村电商、行业电商和跨境电商等方面，体现出了以做强做大电商行业为抓手,推动流通模式变革,打造安全高效、统一开放、竞争有序的流通产业升级版的战略意图。2014年我国乡村常住人口约占45%,但商业基础设施薄弱,乡村消费受到极大抑制,农村电商的发展有望释放这些消费潜力,推动形成城乡统一的消费市场,国内大型电商企业阿里巴巴、京东等已经开始抢占农村市场。行业电商发展将打破专业市场的地理界线,有望形成互联高效的新产业平台。跨境电商的发展则是实现"优进优出"的重点渠道,将帮助企业扩大海外营销渠道,促进企业和外贸转型升级。2014年我国跨境电商交易额达到3.75万亿元,市场普遍预计未来几年跨境电商将快速发展。

(9)"互联网+"便捷交通

加快互联网与交通运输领域的深度融合,通过基础设施、运输工具、运行信息等互联网化,推进基于互联网平台的便捷化交通运输服务发展,显著提高交通运输资源利用效率和管理精细化水平,全面提升交通运输行业服务品质和科学治理能力。(发展改革委、交通运输部共同牵头。)

第一,提升交通运输服务品质。推动交通运输主管部门和企业将服务性数据资源向社会开放,鼓励互联网平台为社会公众提供实时交通运行状态查询、出行路线规划、网上购票、智能停车等服务,推进基于互联网平台的多种出行方式信息服务对接和一站式服务。加快完善汽车健康档案、维修诊断和服务质量信息服务平台建设。

第二，推进交通运输资源在线集成。利用物联网、移动互联网等技术，进一步加强对公路、铁路、民航、港口等交通运输网络关键设施运行状态与通行信息的采集。推动跨地域、跨类型交通运输信息互联互通，推广船联网、车联网等智能化技术应用，形成更加完善的交通运输感知体系，提高基础设施、运输工具、运行信息等要素资源的在线化水平，全面支撑故障预警、运行维护以及调度智能化。

第三，增强交通运输科学治理能力。强化交通运输信息共享，利用大数据平台挖掘分析人口迁徙规律、公众出行需求、枢纽客流规模、车辆船舶行驶特征等，为优化交通运输设施规划与建设、安全运行控制、交通运输管理决策提供支撑。利用互联网加强对交通运输违章违规行为的智能化监管，不断提高交通运输治理能力。

专家解读：

随着互联网技术向交通领域的渗透，以滴滴打车、快的打车、专车等为代表的交通出行新服务不断出现。这些新服务依托移动终端，整合相关车辆资源与信息，线上线下连接，以更好地满足用户多样化的出行需求。但是，指导意见的视角更加宏远，即要求从发展角度全面提升交通运输行业的服务品质和科学治理能力。因此，"互联网＋"便捷交通带来的市场机会和发展空间绝不限于当前大家熟知的互联网新贵,公路、铁路、民航、港口等领域的企业也有望受益。特别是跨地域、跨类型交通运输信息的互联互通,交通大数据平台的建设与运营等将改变当前交通行业发展的割据现状,推动形成大交通的发展格局。

(10)"互联网+"绿色生态

推动互联网与生态文明建设深度融合,完善污染物监测及信息发布系统,形成覆盖主要生态要素的资源环境承载能力动态监测网络,实现生态环境数据互联互通和开放共享。充分发挥互联网在逆向物流回收体系中的平台作用,促进再生资源交易利用便捷化、互动化、透明化,促进生产生活方式绿色化。(发展改革委、环境保护部、商务部、林业局等负责。)

第一,加强资源环境动态监测。针对能源、矿产资源、水、大气、森林、草原、湿地、海洋等各类生态要素,充分利用多维地理信息系统、智慧地图等技术,结合互联网大数据分析,优化监测站点布局,扩大动态监控范围,构建资源环境承载能力立体监控系统。依托现有互联网、云计算平台,逐步实现各级政府资源环境动态监测信息互联共享。加强重点用能单位能耗在线监测和大数据分析。

第二,大力发展智慧环保。利用智能监测设备和移动互联网,完善污染物排放在线监测系统,增加监测污染物种类,扩大监测范围，形成全天候、多层次的智能多源感知体系。建立环境信息数据共享机制，统一数据交换标准，推进区域污染物排放、空气环境质量、水环境质量等信息公开，通过互联网实现面向公众的在线查询和定制推送。加强对企业环保信用数据的采集整理，将企业环保信用记录纳入全国统一的信用信息共享交换平台。完善环境预警和风险监测信息网络，提升重金属、危险废物、危险化学品等重点风险防范水平和应急处理能力。

第三，完善废旧资源回收利用体系。利用物联网、大数据开展信息采集、数据分析、流向监测，优化逆向物流网点布局。支持利用电子标签、二维码等物联网技术跟踪电子废物流向，鼓励互联网企业参与搭建城市废弃物回收平台，创新再生资源回收模式。加快推进汽车保险信息系统、"以旧换再"管理系统和报废车管理系统的标准化、规范化和互联互通，加强废旧汽车及零部件的回收利用信息管理，为互联网企业开展业务创新和便民服务提供数据支撑。

第四，建立废弃物在线交易系统。鼓励互联网企业积极参与各类产业园区废弃物信息平台建设，推动现有骨干再生资源交易市场向线上线下结合转型升级，逐步形成行业性、区域性、全国性的产业废弃物和再生资源在线交易系统，完善线上信用评价和供应链融资体系，开展在线竞价，发布价格交易指数，提高稳定供给能力，增强主要再生资源品种的定价权。

专家解读：

将"互联网+"绿色生态作为重点行动是指导意见的一大亮点，将对环保执法、企业绿色发展和生态经济发展带来新的突破口。污染物监测及信息发布系统的建立不仅有助于扩大环境执法面，提高执法效率，提高公众环境意识，同时也能够强化对企业污染的约束，加快企业绿色转型。废旧资源回收利用体系、废弃物在线交易系统的建立则是以市场化的方式直接推动环保产业和生态经济的发展。我国是个废弃物产生大国，且每年通过贸易渠道进出口大量的废弃物，以废钢为例，2013年我国的废钢资源产生量位居世界之首，达1.6亿吨，占全球废钢产生量的26.7%，因此，废弃物交易和资源化的市场空间很大，指导意见以此作为重点，将给相关行业及企业带来重要的政策机遇。

（11）"互联网+"人工智能

依托互联网平台提供人工智能公共创新服务，加快人工智能核心技术突破，促进人工智能在智能家居、智能终端、智能汽车、机器人等领域的推广应用，培育若干引领全球人工智能发展的骨干企业和创新团队，形成创新活跃、开放合作、协同发展的产业生态。（发展改革委、科技部、工业和信息化部、网信办等负责。）

第一，培育发展人工智能新兴产业。建设支撑超大规模深度学习的新型计算集群，构建包括语音、图像、视频、地图等数据的海量训练资源库，加强人工智能基础资源和公共服务等创新平台建设。进一步推进计算机视觉、智能语音处理、生物特征识别、自然语言理解、智能决策控制以及新型人机交互等关键技术的研发和产业化，推动人工智能在智能产品、工业制造等领域规模商用，为产业智能化升级夯实基础。

第二，推进重点领域智能产品创新。鼓励传统家居企业与互联网企业开展集成创新，不断提升家居产品的智能化水平和服务能力，创造新的消费市场空间。推动汽车企业与互联网企业设立跨界交叉的创新平台，加快智能辅助驾驶、复杂环境感知、车载智能设备等技术产品的研发与应用。支持安防企业与互联网企业开展合作，发展和推广图像精准识别等大数据分析技术，提升安防产品的智能化服务水平。

第三，提升终端产品智能化水平。着力做大高端移动智能终端产品和服务的市场规模，提高移动智能终端核心技术研发及产业化能力。鼓励企业积极开展差异化细分市场需求分析，大力丰富可穿戴设备的应用服务，提升用户体验。推动互联网技术以及智能感知、模式识别、智能分析、智能控制等智能技术在机器人领域的深入应用，大力提升机器人产品在传感、交互、控制等方面的性能和智能化水平，提高核心竞争力。

专家解读:

人工智能是个高度专业化的领域,但由于具有重要的发展战略意义,被指导意见列为重点行动。指导意见将人工智能领域的重点放在应用推广层面,目的是推动人工智能发展从实验室走向市场,通过商业需求和利润引导人工智能产业形态的发育和壮大。目前,智能机器人、智能终端等的应用前景和商业需求已经初步显现,谷歌等国外大公司也已经开始布局。"互联网+"人工智能的提出将为我国人工智能的商业开发提供政策支持,培育出引领全球人工智能发展的骨干企业和创新团队。

3. 保障支撑

(1)夯实发展基础

第一,巩固网络基础。加快实施"宽带中国"战略,组织实施国家新一代信息基础设施建设工程,推进宽带网络光纤化改造,加快提升移动通信网络服务能力,促进网间互联互通,大幅提高网络访问速率,有效降低网络资费,完善电信普遍服务补偿机制,支持农村及偏远地区宽带建设和运行维护,使互联网下沉为各行业、各领域、各区域都能使用,人、机、物泛在互联的基础设施。增强北斗卫星全球服务能力,构建天地一体化互联网络。加快下一代互联网商用部署,加强互联网协议第 6 版（IPv6）地址管理、标识管理与解析，构建未来网络创新试验平台。研究工业互联网网络架构体系，构建开放式国家创新试验验证平台。（发展改革委、工业和信息化部、财政部、国资委、网信办等负责。）

第二，强化应用基础。适应重点行业融合创新发展需求，完善无线传感网、行业云及大数据平台等新型应用基础设施。实施云计算工程，大力提升公共云服务能力，引导行业信息化应用向云计算平台迁移，加快内容分发网络建设，优化数据中心布局。加强物联网网络架构研究，组织开展国家物联网重大应用示范，鼓励具备条件的企业建设跨行业物联网运营和支撑平台。（发展改革委、工业和信息化部等负责。）

第三，做实产业基础。着力突破核心芯片、高端服务器、高端存储设备、数据库和中间件等产业薄弱环节的技术瓶颈，加快推进云操作系统、工业控制实时操作系统、智能终端操作系统的研发和应用。大力发展云计算、大数据等解决方案以及高端传感器、工控系统、人机交互等软硬件基础产品。运用互联网理念，构建以骨干企业为核心、产学研用高效整合的技术产业集群，打造国际先进、自主可控的产业体系。（工业和信息化部、发展改革委、科技部、网信办等负责。）

第四，保障安全基础。制定国家信息领域核心技术设备发展时间表和路线图，提升互联网安全管理、态势感知和风险防范能力，加强信息网络基础设施安全防护和用户个人信息保护。

实施国家信息安全专项，开展网络安全应用示范，提高"互联网+"安全核心技术和产品水平。按照信息安全等级保护等制度和网络安全国家标准的要求，加强"互联网+"关键领域重要信息系统的安全保障。建设完善网络安全监测评估、监督管理、标准认证和创新能力体系。重视融合带来的安全风险，完善网络数据共享、利用等的安全管理和技术措施，探索建立以行政评议和第三方评估为基础的数据安全流动认证体系，完善数据跨境流动管理制度，确保数据安全。（网信办、发展改革委、科技部、工业和信息化部、公安部、安全部、质检总局等负责。）

专家解读：

互联网是各项重点行动的共同基础设施，当前的基础网络不仅在技术和硬件建设上无法适应"互联网+"的发展趋势，在基础设施运营管理方面也无法达到智能化社会的要求。为此，指导意见分别就网络基础、应用基础、产业基础和安全基础进行了部署，其中，网络基础的硬件建设是载体和基石，应用基础、产业基础是"+"的发动机，安全基础是保障。只有在这四项基础的共同支持下，才能推动互联网真正下沉为各行各业都能调用的基础设施。对于市场来说，四项基础建设既是发展保障，也是重要的发展机遇。一方面公共资源的投入将增加；另一方面，在指导意见明确了企业的主体地位后，更多的企业将成为四项基础建设的参与者。

（2）强化创新驱动

第一，加强创新能力建设。鼓励构建以企业为主导，产学研用合作的"互联网＋"产业创新网络或产业技术创新联盟。支持以龙头企业为主体，建设跨界交叉领域的创新平台，并逐步形成创新网络。鼓励国家创新平台向企业特别是中小企业在线开放，加大国家重大科研基础设施和大型科研仪器等网络化开放力度。（发展改革委、科技部、工业和信息化部、网信办等负责。）

第二，加快制定融合标准。按照共性先立、急用先行的原则，引导工业互联网、智能电网、智慧城市等领域基础共性标准、关键技术标准的研制及推广。加快与互联网融合应用的工控系统、智能专用装备、智能仪表、智能家居、车联网等细分领域的标准化工作。不断完善"互联网＋"融合标准体系，同步推进国际国内标准化工作，增强在国际标准化组织（ISO）、国际电工委员会（IEC）和国际电信联盟（ITU）等国际组织中的话语权。（质检总局、工业和信息化部、网信办、能源局等负责。）

第三，强化知识产权战略。加强融合领域关键环节专利导航，引导企业加强知识产权战略储备与布局。加快推进专利基础信息资源开放共享，支持在线知识产权服务平台建设，鼓励服务模式创新，提升知识产权服务附加值，支持中小微企业知识产权创造和运用。加强网络知识产权和专利执法维权工作，严厉打击各种网络侵权假冒行为。增强全社会对网络知识产权的保护意识，推动建立"互联网+"知识产权保护联盟，加大对新业态、新模式等创新成果的保护力度。（知识产权局牵头。）

第四，大力发展开源社区。鼓励企业自主研发和国家科技计划（专项、基金等）支持形成的软件成果通过互联网向社会开源。引导教育机构、社会团体、企业或个人发起开源项目，积极参加国际开源项目，支持组建开源社区和开源基金会。鼓励企业依托互联网开源模式构建新型生态，促进互联网开源社区与标准规范、知识产权等机构的对接与合作。（科技部、工业和信息化部、质检总局、知识产权局等负责。）

专家解读：

"互联网+"本身就是新的经济社会形态，是创新驱动战略的重要组成，指导意见所要"强化"的是创新能力和创新环境培育。在创新能力培育方面，指导意见提出建设创新网络、创新联盟和开源社区，是要通过互联网的贯通、开放、共享的思维强化互联网创新发展。在创新环境建设方面，标准建设和知识产权保护被各界视为最重要的两项内容，指导意见均进行了强调。其中，标准制定具有重要的意义，尤其是在我国企业参与国际竞争的大趋势下，增加国内企业在国际标准制定中的话语权直接涉及利益分配，是维护国家利益的重要方面。知识产权保护则是维护公平竞争、增强企业创新动力、保障可持续发展的重要制度依靠，尤其对于那些依靠自主创新发展的中小微企业来说，知识产权保护是他们赢得生存机会的最重要保障。

（3）营造宽松环境

第一，构建开放包容环境。贯彻落实《中共中央国务院关于深化体制机制改革加快实施创新驱动发展战略的若干意见》，放宽融合性产品和服务的市场准入限制，制定实施各行业互联网准入负面清单，允许各类主体依法平等进入未纳入负面清单管理的领域。破除行业壁垒，推动各行业、各领域在技术、标准、监管等方面充分对接，最大限度减少事前准入限制，加强事中事后监管。继续深化电信体制改革，有序开放电信市场，加快民营资本进入基础电信业务。加快深化商事制度改革，推进投资贸易便利化。（发展改革委、网信办、教育部、科技部、工业和信息化部、民政部、商务部、卫生计生委、工商总局、质检总局等负责。）

第二，完善信用支撑体系。加快社会征信体系建设，推进各类信用信息平台无缝对接，打破信息孤岛。加强信用记录、风险预警、违法失信行为等信息资源在线披露和共享，为经营者提供信用信息查询、企业网上身份认证等服务。充分利用互联网积累的信用数据，对现有征信体系和评测体系进行补充和完善，为经济调节、市场监管、社会管理和公共服务提供有力支撑。（发展改革委、人民银行、工商总局、质检总局、网信办等负责。）

第三，推动数据资源开放。研究出台国家大数据战略，显著提升国家大数据掌控能力。建立国家政府信息开放统一平台和基础数据资源库，开展公共数据开放利用改革试点，出台政府机构数据开放管理规定。按照重要性和敏感程度分级分类，推进政府和公共信息资源开放共享，支持公众和小微企业充分挖掘信息资源的商业价值，促进互联网应用创新。（发展改革委、工业和信息化部、国务院办公厅、网信办等负责。）

第四，加强法律法规建设。针对互联网与各行业融合发展的新特点，加快"互联网+"相关立法工作，研究调整完善不适应"互联网+"发展和管理的现行法规及政策规定。落实加强网络信息保护和信息公开有关规定，加快推动制定网络安全、电子商务、个人信息保护、互联网信息服务管理等法律法规。完善反垄断法配套规则，进一步加大反垄断法执行力度，严格查处信息领域企业垄断行为，营造互联网公平竞争环境。（法制办、网信办、发展改革委、工业和信息化部、公安部、安全部、商务部、工商总局等负责。）

专家解读：

这部分保障措施主要是落实全面深化改革和全面推进依法治国方略。构建开放包容环境的切入点是行政管理体制改革，体现了新一届政府约束和规范政府行为，营造法治化、便利化和国际化发展环境的目标。完善信用支撑体系是要通过信用体系建设形成信用惩戒机制。推动数据资源开发是要进一步开发利用公共信息服务"互联网+"战略的推广。当前政府和公共部门掌握着大量的公共信息，这些信息是大数据发展的基础要件。法律法规建设则是要将"互联网+"战略实施推向法治轨道，通过法律赋权来厘清"互联网+"背后相关利益主体的权责，在打造新的经济社会形态过程中，构建符合互联网生态系统的法治秩序。

（4）拓展海外合作

第一，鼓励企业抱团出海。结合"一带一路"等国家重大战略，支持和鼓励具有竞争优势的互联网企业联合制造、金融、信息通信等领域企业率先走出去，通过海外并购、联合经营、设立分支机构等方式，相互借力，共同开拓国际市场，推进国际产能合作，构建跨境产业链体系，增强全球竞争力。（发展改革委、外交部、工业和信息化部、商务部、网信办等负责。）

第二，发展全球市场应用。鼓励"互联网+"企业整合国内外资源，面向全球提供工业云、供应链管理、大数据分析等网络服务，培育具有全球影响力的"互联网+"应用平台。鼓励互联网企业积极拓展海外用户，推出适合不同市场文化的产品和服务。（商务部、发展改革委、工业和信息化部、网信办等负责。）

第三，增强走出去服务能力。充分发挥政府、产业联盟、行业协会及相关中介机构作用，形成支持"互联网+"企业走出去的合力。鼓励中介机构为企业拓展海外市场提供信息咨询、法律援助、税务中介等服务。支持行业协会、产业联盟与企业共同推广中国技术和中国标准，以技术标准走出去带动产品和服务在海外推广应用。（商务部、外交部、发展改革委、工业和信息化部、税务总局、质检总局、网信办等负责。）

专家解读：

长期以来，我国在互联网领域采取的是"把国内管好"的策略，但是伴随着我国对外开放战略的调整，互联网企业"走出去"将是大势所趋。从互联网的技术特点来看，"互联网+"与"走出去"战略的结合将极大拓宽我国企业海外发展的道路。指导意见重点提出三项内容，其中借助"一带一路"战略实现企业抱团"走出去"是重中之重，作为新时期我国对外开放的统领性战略，"一带一路"不仅为互联网企业，也为其他各类企业走出去搭建了一座便利的桥梁。同时，指导意见还对"走出去"的配套服务建设提出了要求，包括各类咨询中介服务，它们正是过去我国企业"走出去"过程中面临的短板。

（5）加强智力建设

第一，加强应用能力培训。鼓励地方各级政府采用购买服务的方式，向社会提供互联网知识技能培训，支持相关研究机构和专家开展"互联网+"基础知识和应用培训。鼓励传统企业与互联网企业建立信息咨询、人才交流等合作机制，促进双方深入交流合作。加强制造业、农业等领域人才特别是企业高层管理人员的互联网技能培训，鼓励互联网人才与传统行业人才双向流动。（科技部、工业和信息化部、人力资源社会保障部、网信办等负责。）

第二，加快复合型人才培养。面向"互联网+"融合发展需求，鼓励高校根据发展需要和学校办学能力设置相关专业，注重将国内外前沿研究成果尽快引入相关专业教学中。鼓励各类学校聘请互联网领域高级人才作为兼职教师，加强"互联网+"领域实验教学。（教育部、发展改革委、科技部、工业和信息化部、人力资源社会保障部、网信办等负责。）

第三，鼓励联合培养培训。实施产学合作专业综合改革项目，鼓励校企、院企合作办学，推进"互联网+"专业技术人才培训。深化互联网领域产教融合，依托高校、科研机构、企业的智力资源和研究平台，建立一批联合实训基地。建立企业技术中心和院校对接机制，鼓励企业在院校建立"互联网+"研发机构和实验中心。（教育部、发展改革委、科技部、工业和信息化部、人力资源社会保障部、网信办等负责。）

　　第四，利用全球智力资源。充分利用现有人才引进计划和鼓励企业设立海外研发中心等多种方式，引进和培养一批“互联网+”领域高端人才。完善移民、签证等制度，形成有利于吸引人才的分配、激励和保障机制，为引进海外人才提供有利条件。支持通过任务外包、产业合作、学术交流等方式，充分利用全球互联网人才资源。吸引互联网领域领军人才、特殊人才、紧缺人才在我国创业创新和从事教学科研等活动。（人力资源社会保障部、发展改革委、教育部、科技部、网信办等负责。）

专家解读：

　　智力建设是“互联网+”战略实施的关键，作为一项创新性战略，智力资源是最为重要的资源，为此，指导意见从教育、培训、智力引进等多方面给出了措施。值得注意的是，当前“互联网+”各重点行动领域的高端人才均供不应求，高端人才成为战略实施过程中最稀缺的资源，为此指导意见特别强调了高端人才的培养和引进。

（6）加强引导支持

　　第一，实施重大工程包。选择重点领域，加大中央预算内资金投入力度，引导更多社会资本进入，分步骤组织实施“互联网＋"重大工程，重点促进以移动互联网、云计算、大数据、物联网为代表的新一代信息技术与制造、能源、服务、农业等领域的融合创新，发展壮大新兴业态，打造新的产业增长点。（发展改革委牵头。）

第二，加大财税支持。充分发挥国家科技计划作用，积极投向符合条件的"互联网＋"融合创新关键技术研发及应用示范。统筹利用现有财政专项资金，支持"互联网＋"相关平台建设和应用示范等。加大政府部门采购云计算服务的力度，探索基于云计算的政务信息化建设运营新机制。鼓励地方政府创新风险补偿机制，探索"互联网＋"发展的新模式。（财政部、税务总局、发展改革委、科技部、网信办等负责。）

第三，完善融资服务。积极发挥天使投资、风险投资基金等对"互联网＋"的投资引领作用。开展股权众筹等互联网金融创新试点，支持小微企业发展。支持国家出资设立的有关基金投向"互联网＋"，鼓励社会资本加大对相关创新型企业的投资。积极发展知识产权质押融资、信用保险保单融资增信等服务，鼓励通过债券融资方式支持"互联网＋"发展，支持符合条件的"互联网＋"企业发行公司债券。开展产融结合创新试点，探索股权和债权相结合的融资服务。降低创新型、成长型互联网企业的上市准入门槛，结合证券法修订和股票发行注册制改革，支持处于特定成长阶段、发展前景好但尚未盈利的互联网企业在创业板上市。推动银行业金融机构创新信贷产品与金融服务，加大贷款投放力度。鼓励开发性金融机构为"互联网+"重点项目建设提供有效融资支持。（人民银行、发展改革委、银监会、证监会、保监会、网信办、开发银行等负责。）

专家解读：

多数企业非常看重政府在财税、金融方面给予的支持，指导意见分别从政府投资引导、财政资金支持和融资服务三方面对"互联网+"战略的实施给予保障，力图实现财政与金融两条腿走路，保障力度较大。以国家发改委牵头实施的重大工程包为例，国家发改委副主任在国务院政策例行吹风会上透露，目前相关工作已经启动，将分步实施一批"互联网+"重大工程，并引导社会资本参与。从之前实施的其他重大工程包来看，中央财政对"互联网+"的投入规模不会小。从金融支持来看，涉及多项金融创新政策，包括知识产权质押融资、股权和债权相结合的融资等，都是紧扣"互联网+"战略的特点设计，并鼓励开发性银行机构提供有效融资支持。除此之外，当前各地方政府也在积极制定相应的财政金融支持政策，比如2015年4月上旬发布的《河南省人民政府关于省级财政性涉企资金基金化改革的实施意见》中提到，决定设立河南"互联网+"产业发展基金。

（7）做好组织实施

第一，加强组织领导。建立"互联网+"行动实施部际联席会议制度，统筹协调解决重大问题，切实推动行动的贯彻落实。联席会议设办公室，负责具体工作的组织推进。建立跨领域、跨行业的"互联网+"行动专家咨询委员会，为政府决策提供重要支撑。（发展改革委牵头。）

第二，开展试点示范。鼓励开展"互联网+"试点示范，推进"互联网+"区域化、链条化发展。支持全面创新改革试验区、中关村等国家自主创新示范区、国家现代农业示范区先行先试，积极开展"互联网+"创新政策试点，破除新兴产业行业准入、数据开放、市场监管等方面政策障碍，研究适应新兴业态特点的税收、保险政策，打造"互联网+"生态体系。（各部门、各地方政府负责。）

第三，有序推进实施。各地区、各部门要主动作为，完善服务，加强引导，以动态发展的眼光看待"互联网+"，在实践中大胆探索拓展，相互借鉴"互联网+"融合应用成功经验，促进"互联网+"新业态、新经济发展。有关部门要加强统筹规划，提高服务和管理能力。各地区要结合实际，研究制定适合本地的"互联网+"行动落实方案，因地制宜，合理定位，科学组织实施，杜绝盲目建设和重复投资，务实有序推进"互联网+"行动。（各部门、各地方政府负责。）

专家解读：

这些是常规性的保障措施，其中值得关注的有：建立部际联席会议制度的目的是进行部门间协调，在行政管理和政策层面形成合力。试点示范则是要通过专题试点，为全国总结问题和经验教训，形成示范效应。有序推进的重点是因地制宜，杜绝盲目建设和重复投资。

国家发展改革委经济研究所副研究员、

中国社会科学院经济发展研究中心特约研究人员

黄卫挺

第三章

"互联网+"的科技驱动力：
云计算、大数据与物联网

为了更好地分析"互联网+"的科技驱动力，首先要了解"互联网+"与互联网的相同与不同，特别是需要了解"互联网+"区别于互联网的关键。

　　从名字上看，"互联网+"脱胎于互联网，具备互联网的特点。而互联网核心的关键词是"互联"，互联网发展的关键在于通过互联实现信息的共享：低成本地实现实时、没有空间限制的信息交换。

　　"互联网+"区别于互联网的关键词在于数据。先看一下中国互联网络信息中心的数据，2014年底，我国网民规模达到6.49亿，互联网普及率达到47.9%，其中网络购物用户3.61亿；微信活跃用户数量达到4.68亿。根据梅特卡夫定律：一个网络的价值等于该网络内的节点数的平方，而且该网络的价值与联网的用户数的平方成正比。一个网络的用户数目越多，整个网络和该网络内的单个设备的价值也就越大。中国互联网的价值，在 2014 年突破奇点效应，量变引起质变，每个联网设备的网络活动，积累了大量的数据信息，这些数据就是一座待开发的金矿，将为未来世界带来巨大的价值。而互联网的数据金矿与传统金矿的最大区别是，传统金矿的资源是消耗性的，金矿的含金量随着金矿的开采而降低，但互联网的大数据金矿，其价值是不断增加的。

1. 数据价值三要素

数据产生价值，需要三个要素：第一，是在同一个维度处理（传统上需要在计算能力、存储量都很大的一台机器上计算）；第二，是大量相关的、不相关的数据放在一个平台上之后，如何发现这些数据的关联性，并利用关联性产生价值；第三，是如何源源不断地产生数据，并利用这些数据不断创造新的价值。

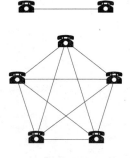

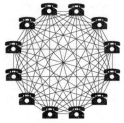

云计算是突破计算、存储能力的关键技术。如下图所示：两部电话有一种连接方式，5 部电话有 10 种连接方式，12

部电话有 66 种连接方式。联网与此类似，当有几亿个连接之后，这些连接的类型又是多样的。未来由于连接会产生大量的数据，这些数据只有放在同一个平台上，以相似的方式处理出来才能产生巨大的价值。传统的数据存放在大型机上，存储、计算的成本非常高。数据挖掘技术在 2000 年就已经成熟，但真正应用却是在云计算普及之后。

大数据技术是通过挖掘数据的关联性，利用数据关联性创造价值的技术，是在数据挖掘技术基础之上，一方面在数据的规模上处理更大规模的数据，另外一方面可以处理非结构化的数据。而大规模以及非结构化的数据对数据处理速度提出了更高的要求。

经常有人将大数据比喻为金矿，这是为了说明数据价值巨大。但大数据与金矿最大的区别在于金矿的不可再生性，而大数据的价值在于随着价值的开采其价值越来越大，更重要的是，随着技术的发展，数据还会以更快的速度积累，也就是说大数据是可再生的金矿。物联网技术为互联网这个金矿源源不断地提供着数据。

所以本章从数据处理的计算存储基础、数据处理技术、数据来源三个方面，来说明"互联网+"的科技驱动力，而这三方面对应着三个技术：云计算、大数据和物联网。

2. 云计算突破数据存储、处理的规模瓶颈

"互联网+"区别于互联网的关键在于两点：一个是数据，一个是用户量。互联网在发展到一定规模后，其用户数量的积累由量变引起质变，形成"互联网+"；"互联网+"质变的最重要动因是数据可以低成本地在一个平台上存储、运算。实现这个突破的技术就是云计算技术。

什么是云计算

最直观的比喻是天上的云：天上飘着很多云，当其中的几朵云聚在一起之后，就形成另外一片云。计算机资源，比如网络、存储、服务器、应用程序等，可以像云一样方便地聚合、分散；但对于用户而言，却像操作一台机器一样简单，这就是云计算。

对于云计算的定义非常多，但获得普遍认可的是美国国家标准与技术研究院（NIST）的定义：云计算是一种按使用量付费的模式，这种模式提供可用的、便捷的、按需的网络访问，进入可配置的计算资源共享池（资源包括网络、服务器、存储、应用软件、服务），这些资源能够被快速提供，只需投入很少的管理工作，或与服务供应商进行很少的交互。

云计算是分布式计算、并行计算、效用计算、网络存储、虚拟化、负载均衡、热备份冗余等传统计算机和网络计算发展

的融合的产物。最早是由亚马逊和谷歌提出来的。

亚马逊在 2006 年 3 月推出弹性计算云（Elastic Computer Cloud，以下称EC2）服务，并于当年 8 月 25 日发布EC2受限公众Beta版。亚马逊弹性计算云是一个让使用者可以租用云端电脑运行所需应用的系统。EC2 借由提供Web服务的方式让使用者可以弹性地运行自己的亚马逊机器映像档，使用者将可以在这个虚拟机器上运行任何自己想要的软件或应用程序。提供可调整的云计算能力。它旨在使开发者的网络规模计算变得更为容易。

同年，8 月 9 日谷歌首席执行官埃里克·施密特在搜索引擎大会上，首次提出云计算概念，并于 2007 年联合IBM在大学推广云计算计划。

现在谷歌云计算已经拥有 100 万台服务器。

云计算背后的技术

云计算涉及多个企业融合的问题，为大量用户服务，因而需要非常多的技术。

在云计算上会为多个企业服务，从功能上需要数据既可以共享，又能安全隔离，当然还要保证费用低廉，企业用户使用快速便捷。同时还要保证针对企业的运维和服务机制。所以云计算需要以下技术：多租户技术，虚拟化和自动化技术，新开发、测试和发布机制以及大规模定制技术。

随着云计算的发展，未来会有更多的企业用户、终端用户使用云计算。一方面云计算的技术会进一步发展，另外一方面，对云计算也会提出更高的要求，需要更多的技术来支撑。

云计算的特点

云计算意味着计算能力通过互联网这个媒介，可以作为一种商品流通，就像煤气、水电一样，取用方便，费用低廉。云计算具有超大规模、虚拟化、高可靠性、通用性、高可扩展性、按需服务等特点，也有潜在的安全隐患。

云计算促进产业分工

云计算技术实现了产业融合，让使用者通过互联网获取"信息及其处理"，就如同我们通过电网获取电一样，这种获取方式是随时、随地、随需，并且按照所用多少付费。

云计算是信息产业的新模式，如同电力行业发生的大集中革命一样，会带来信息产业的服务化和集中化的颠覆性革命，从而实现信息行业的产业分工。

新挑战需要云计算

在推广初期，很多企业因为担心信息的安全性无法保障，是不接受云计算服务的。各家企业不肯将信息共享出去，因而不能获得因为信息共享带来的价值。但随着互联网的发展，新技术不断出现，传统的IT架构越来越难以满足企业业务快速发展及变革的动态要求。特别是移动技术、数据分析技术的发展，现在越来越多的企业开始应用云计算。

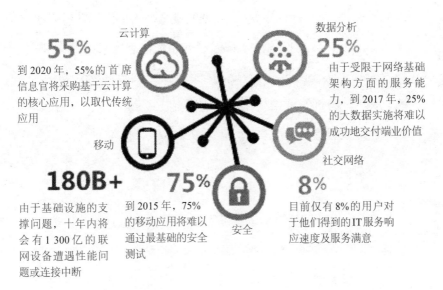

55%
云计算
到2020年，55%的首席信息官将采购基于云计算的核心应用，以取代传统应用

数据分析
25%
由于受限于网络基础架构方面的服务能力，到2017年，25%的大数据实施将难以成功地交付端业价值

移动
180B+
由于基础设施的支撑问题，十年内将会有1 300亿的联网设备遭遇性能问题或连接中断

75%
到2015年，75%的移动应用将难以通过最基础的安全测试

安全

社交网络
8%
目前仅有8%的用户对于他们得到的IT服务响应速度及服务满意

3. 大数据发掘数据价值

"互联网+"是在互联网发展多年之后，在互联网的普及和积累了大量数据的基础上，利用数据创造价值的新的互联网形态。人类社会的各项活动都产生数据，但传统上这些数据没有被记录下来。而随着互联网、信息化的普及，这些信息被记录下来，当积累超过奇点后，这些数据的价值也越来越大。

大数据需要新处理模式，才能具备更强的决策力、洞察发现力和流程优化能力，是海量、高增长率和多样化的信息资产。相较于传统的数据，一方面是数据量大，另外一方面是数据的非结构化。

发掘数据的价值借助于大数据的概念被人们广泛熟悉，但大数据之前，数据挖掘技术就已经非常成熟。大数据的出现，是因为云计算突破了计算存储的瓶颈，一方面数据量突破了限制，另外一方面对非结构化数据的挖掘技术实现了突破。核心原理还是数据挖掘的技术。

大数据

大数据技术是在云计算发展之后兴起的数据技术，有很多定义。但现在比较认可的是Gartner研究机构给出的定义：需要新处理模式才能具有更强的决策力、洞察发现力和流程优化能力的海量、高增长率和多样化的信息资产。

大数据典型4V特点：Volume（数据体量大）、Variety（数据类型繁多）、Velocity（处理速度快）、Value（价值密度低）。

大数据的大，直观的理解就是数据量大。传统的数据因为受到存储空间以及计算能力的限制，只记录核心有价值的信息。但云计算技术突破之后，可以记录更加详细的数据，互联网、传感器、社会人类的活动信息都可以记录，处理数据的量级由TB转为ZB（1TB=1024GB，1PB=1024TB，1EB=1024PB，1ZB=1024EB）。

大数据的大，另外体现在种类多，可以处理许多非结构化的数据。传统的数据科学主要研究的是结构化数据，也就是可以存储在数据库中的数据。但随着对人类活动记录的要求增加，现在需要处理更多的数据，这些数据都是非结构化的，比如图像、视频等数据不能通过传统的方式处理，存储在数据库中，检索也不方便，因而大数据需要处理非常多的非结构化数据。

数据量的增加以及非结构数据的处理都对大数据的处理能力提出了更高的要求。如果按照传统的数据处理方法，操作者是没有耐心等待大数据分析的结果的。大数据处理结束需要全新的技术实现快速处理。

大数据的数据价值密度低，只有合理利用数据并对其进行正确、准确的分析，才会获得高价值回报。数据的价值是会累积的：随着人类活动被数据化比例的增加，人类会逐渐发掘出这些数据的价值，而发现的价值规律会为更多的数据提供基础，为进一步发掘数据价值提供保证。

数据挖掘

数据挖掘就是从海量的数据中采用自动或半自动的建模算法，寻找隐藏在数据中的信息，如趋势、模式及相关性，是从数据库中发现知识的过程，运用电脑存储数据和数据库技术以及使用统计分析方法工具，主要技术有分类、预测、细分、关联和序列。

数据挖掘是学习过去经验的简单过程，帮助企业做得更快捷、更准确、更具系统性。

数据挖掘的特点是，它是在没有明确假设的前提下去挖掘信息、发现知识。数据挖掘所得到的信息应具有先前未知、有效和实用三个特征。先前未知的信息是指该信息是预先未曾预料到的。数据挖掘是要发现那些不能靠直觉发现的，甚至是违背直觉的信息或知识。挖掘出的信息越是出乎意料，就可能越有价值。

大数据至关重要

众所周知，数据蕴含着价值，但大数据的价值不在于掌握庞大的数据信息，而在于对这些有意义的数据进行专业化处理。把大数据比喻成矿产，大数据技术是对矿产加工的能力，通过加工实现数据的增值。

大数据的重要性体现在以下几点：

第一，大数据解决方案是分析各种不同来源的原始结构化数据、半结构和非结构化数据的理想选择。

第二，需要分析所有或大部分数据而不只是一个数据抽样，或者对一个数据抽样进行分析没有对更大的数据集进行分析更有效时，大数据解决方案是理想的选择。

第三，大数据解决方案是在未预先确定数据的业务度量指标时，执行迭代式和探索式分析的理想选择。

大数据技术可以将数据作为原始素材加工成有逻辑的数据，

成为信息；进一步提炼信息之间的联系，转换成行动的能力，完成当下的任务。进一步根据知识的积累，拥有对未来的预测能力，形成智慧。

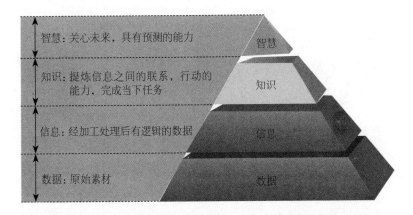

智慧：关心未来，具有预测的能力　　智慧

知识：提炼信息之间的联系，行动的能力，完成当下任务　　知识

信息：经加工处理后有逻辑的数据　　信息

数据：原始素材　　数据

大数据在实时交通流量优化、反欺诈风险管控、舆情分析和应对、准确及时的危险检测、购买倾向性预测、网络延迟分析等多个领域都有成功应用。

案例：Target利用大数据挖掘

一天，一个男人冲进了一家Target商店要求经理出来见他。他气愤地说："我女儿还是高中生，你们却给她邮寄婴儿服和婴儿床的优惠券，你们是在鼓励她怀孕吗？"而几天后，经理打电话向这个男人致歉时，这个男人的语气变得平和起来。他说："我和我的女儿谈过了，她的预产期是8月份，是我完全没有意识到这个事情的发生，应该道歉的人是我。"Target是如何知道这个女孩怀孕呢？

Target是美国第二大零售超市，为了抢到孕妇这一细分客户群，它要分析数据，根据购买产品特点圈定孕妇群体，有针对性地投放广告。Target顾客数据分析部的高级经理安德鲁·玻尔发现许多孕妇从妊娠期第2个月开始，会购买许多大包装的无香味护手霜；在怀孕的最初20周大量购买补充钙、镁、锌的善存片之类的保健品。最后安德鲁选出了25种典型商品的消费数据，构建了"怀孕预测指数"，通过这个指数，Target能够在很小的误差范围内预测到顾客的怀孕情况，因此Target能早早地把孕妇优惠广告寄发给顾客。

通过数据挖掘和分析，得到客户的深层需求，从而实现更加精准的营销。

大数据让分析与数据紧密结合

新型大数据平台的发展，在同一平台上集成和管理多种形式、快速增长的海量数据；将先进的分析技术应用于原生态数据；所有可用数据可视化，进行随机分析；提供开发环境和工具，支持新的分析应用开发；工作负载优化和调度；数据安全和监管。

云计算的发展，使得海量数据可以在一个平台上快速处理，而随着大数据的沉淀，以及对数据处理技术的提升，通过数据→信息→知识→智慧4个层次进行数据提炼，形成智慧，为未来做出准确预测，创造更大的价值。

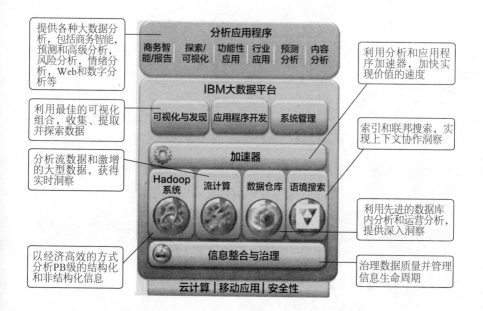

4.物联网为"互联网+"提供更加丰富的数据

"互联网+"的三个技术驱动中，云计算突破了计算能力的瓶颈，大数据提供了数据分析的技术，而物联网为"互联网+"提供了更加丰富的数据。随着传感技术、通信技术、控制技术的不断发展，数据进一步融合，从而创造出更多的智慧。

物联网是技术的融合

从物联网诞生的那天起，对物联网的定义就一直充满争议。因为物联网融合了通信、传感、嵌入式系统、射频识别技术、软件等不同行业的人，每个行业因为其背景不同，对物联网的认知是不同的。物联网的发展需要各个行业相互了解，因为物联网真正产生价值，需要时间。

笔者在研究物联网时，发现有三个英文缩写代表了物联网：IOT（internet of things）、M2M（Machine to Machine）和CPS（Cyber-Physical Systems）。

IOT直译为物体组成的互联网。起源是互联网企业从互联网行业类比而来，是互联网行业对物联网的定义，因为被广泛接受，现在是最常见的物联网定义。

M2M直译为机器与机器的连接。通信行业自身在发展，意识到未来不仅人与人之间需要连接，物与物也需要连接。最早是通信行业对物联网的定义。

CPS直译为物理网络系统，起源于自动化和硬件企业对物联网的定义。在2005年就已经提出来，最近因为工业4.0而再度引起重视。

所以物联网技术涉及互联网、通信技术、自动化技术。随着未来物理与流程的结合，还会涉及企业应用软件技术。

IBM对物联网的定义是，物联网将物理世界和互联网紧密连接从而更好地管理物理世界。物联网是信息技术和控制技术的融合，它借助数据采集技术和智能网络，对物理世界进行分析预测和优化，创造新的价值。

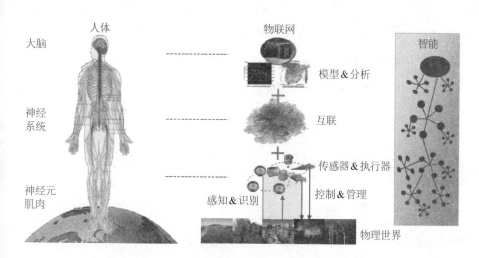

下图是物联网的技术层次：

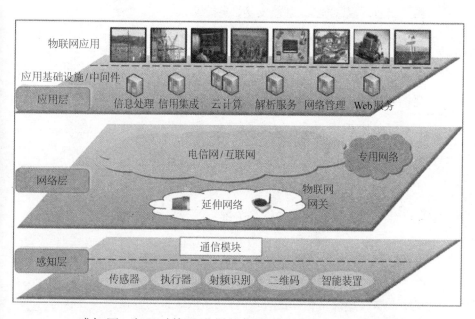

感知层：实现对物理世界的智能感知识别、信息采集处理和自动控制。

网络层：主要实现信息的传递、路由和控制，可依托公众电信网和互联网，也可依托行业专网。

应用层：包括应用基础设施、中间件和物联网在各行业领域的应用。

智能是物联网的核心

物联网的三个核心特点是：传感、连接、智能。而物联网的核心是智能。国家的"十二五"规划中提出了物联网的九大试点领域是：智能工业，智能农业，智能医疗，智能电网，智能环保，智慧交通，智慧物流，智能安防，智能家居。

智能的基础是数据，物联网主要是利用传感自动获得数据，利用连接将数据集中，通过智能创造价值。数据真正发挥作用，是需要规模化的。

从技术架构上看，传感是基础，但从发展角度看，连接是现在发展的核心。没有大量的连接，就不会有对传感器的需求，而没有大量传感器的数据支撑，就不会有智能。因而智能是核心，而当前发展，连接数量是关键。

本章主要从数据的维度分析了"互联网+"的科技驱动力。云计算是数据集中处理的技术基础。物联网是"互联网+"的核心，首先传感层是"互联网+"自动获取数据的数据源。互联将数据集中，而智能是物联网产生价值的基础。大数据是从技术上利用数据创造价值的工具。事实上，大数据也是物联网应用层之上数据分析层的一个核心功能。

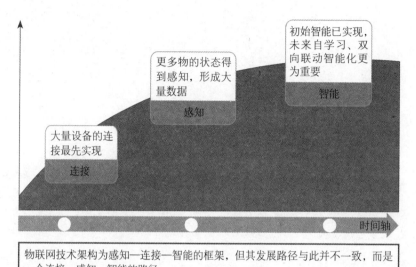

初始智能已实现，未来自学习、双向联动智能化更为重要

智能

更多物的状态得到感知，形成大量数据

感知

大量设备的连接最先实现

连接

时间轴

物联网技术架构为感知—连接—智能的框架，但其发展路径与此并不一致，而是一个连接—感知—智能的路径

"互联网+"将科技从信息技术、通信技术、控制技术带入数据技术时代。"互联网+"将是数据驱动的时代，而云计算、大数据、物联网无疑是数据驱动的核心。

和君集团合伙人

许永硕

第四章

"互联网＋"的大跃迁

随着全球互联网的迅猛发展，互联网已经超越工具，成为一种能力，与各行各业结合之后能够赋予后者以新的力量，错失互联网的这种能力，就如同在第二次工业革命时代拒绝使用电力。"互联网+"与传统行业渗透融合，可以逐步从替代走向创新和优化，打破信息不对称造成的壁垒，从而形成更多低成本、开放创新、公开透明、精准个性化定制的新型产业与服务，更好地实现以人为本。中国的互联网处在由桌面互联网向移动互联网迅速发展的过程中，通过"互联网+"实现弯道超车在这 10 年内是可预期的。

1. 从桌面时代的互联网到移动时代的"互联网+"

1995 年，网景和微软的浏览器之争开始，互联网行业从 IT 行业独立出来，已发展了 20 年时间，互联网进化史的本质就是网络和人的关系进化史，表现方式在流量上。那么，流量的本质是什么？就是人。人本身就是渠道和流量。互联网讲入口论，入口之争本质是通过网络聚集人的战争。

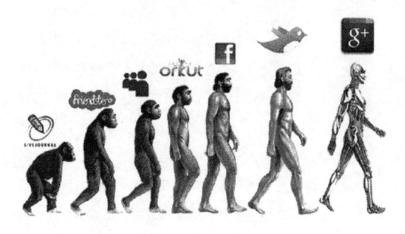

互联网流量已经演变到第四代，第一代是浏览器工具之争；第二代是雅虎利用华尔街的资本和完全免费的方式建立了信息门户；第三代是因为信息量太大，目录分类方式无法满足人对信息查询的需求，所以基于关键词的搜索崛起，2002 年开始谷歌时代到来；现在互联网进入第四代，就是移动社交和触发体验，智能手机出现，我们称之为移动时代。

互联网从桌面时代进入移动时代，这个时代的主要历史使命在于它使互联网从一个行业变成了一种思维，让传统行业融入互联网来改造自己的传统商业模式。于是，桌面时代的互联网开始进入移动时代的"互联网+"。

我们来看看桌面时代互联网记录用户的行为，主要的技术手段是通过cookie或浏览器插件、客户端等工具。互联网通过用户浏览的内容、搜索的关键词等，来判断一个人的喜好、社会身份等，进而有针对性地推送服务和产品。这种基于关键词的服务，使互联网媒体相比传统媒体有了大规模的进步。因为在传统媒体模式中，我们对用户的理解和判断，往往是通过抽样调查，对用户属性、行为、偏好的判断和归纳，是片段的、模糊的，是标签化的。而互联网能够长期追踪记录电脑端的浏览行为。基于对此种数据的分析与理解，我们能够对消费者的价值取向、消费偏好等进行较为精准的把握。

但是，桌面时代互联网存在一个问题，就是电脑与人的关系并不是完全一一对应的，所以桌面对"人"的理解，只能精准到具体某一台电脑，并不能真正精准到具体的"人"，这就是移动时代"互联网+"崛起的原因。

目前常见的上网终端是智能手机，手机就是很个性化的工具，因而移动互联网对用户行为的把握也就更加精准，真正细化到了个体的程度。手机是随身携带的，又可以锁定个体用户的地理位置，这使移动互联网具备桌面互联网所没有的优势——就是用户所有的运动轨迹，都会被详细地记录下来。这就给了互联网服务商更多分析你的线索，也给了商家更多接触你的机会。

由于人是社会化动物，移动互联网不仅能掌握个人的地理位置，还能基于网络社交了解你的社会圈子，所以移动互联网对"人"的锁定，进入了时空和社交的双重定位模式。

移动互联网时代，互联网不仅仅可以了解用户的喜好、属性和价值取向，还可以知道用户从哪里来，到哪里去，需求是什么，用什么营销手段，在什么时候、在哪里能够把商品（或服务）最有效地传递给用户。

这就是移动互联网时代新的商业模式，我们把互联网这两个时代的特点归纳为"桌面时代互联网"和"移动时代互联网＋"。

当桌面时代互联网进入移动时代"互联网＋"，整个建立在桌面时代互联网基础上的商业模式面临重构，而"入口的随处可得"（或者说入口的多元化）恰恰是这次变革的爆发点。

很多人说互联网很公平很伟大，很具有摧毁性，其实我们看一下这 10 年来《福布斯》中国企业排行榜，前几名互联网企业的排名没变过，就那几个互联网老大（几大门户、BAT、网游巨头等），相比其他产业，例如传统地产商、制药厂，这些产业的老大在《福布斯》排行榜上的排名变化很大，要么很快消失，要么很快起来。问题究竟在哪里？就是在桌面时代，互联网企业集中在渠道入口的布局上。

渠道入口是桌面时代互联网最重要的商业模式，入口就是一道"门"，此门可以让用户进入虚拟的数字世界。因此在门口聚集流量，流量带来用户。所以桌面时代互联网形成的数字世界巨头的本质是掌握渠道入口能力，当然渠道入口的技术在这

15 年至少有 3 次大变化，分别是浏览器工具模式（微软）、信息门户模式（雅虎）和关键词搜索模式（谷歌）。中国互联网企业在桌面时代就是学美国模式，比如三大门户网站学雅虎，百度学谷歌，阿里学亚马逊和 eBay，腾讯全山寨。从这个角度来讲，周鸿祎的 360 还是有中国式的互联网创新，安全桌面居然也能成入口。

当桌面时代互联网进入移动时代"互联网＋"，按照思维惯性，桌面互联的商业模式移植过来即可，所以一开始也是在玩渠道入口。因为桌面互联模式下拥有上亿用户，传统想法认为随便在互联网开发个应用，比如邮箱、门户、网游等肯定能赚钱，但是当你把这些模式移植到移动互联网，就发现不对了，正因如此，"互联网＋"才被越来越多的传统企业关注。如果对的话，那中移动早成功了，它最早有 7 亿手机用户，但恰恰移动互联网革了全世界运营商的命。同样，移动互联网如果像桌面互联网这么容易被颠覆的话，中国互联网三大巨头 BAT 把互联网渠道入口到搬到移动互联网不就行了吗？移动互联网的商业模式还远没有到盖棺定论的时候。

为什么会这样？是因为在桌面时代，形成了渠道入口"中心化"特点，在移动时代，出现了去中心化，并成为基础设施，导致新的入口论更关注不确定性和多元性，而内容本身和用户体验在这个时代成了主流，在这样的变化中，用户利用移动终端在虚拟互联网数字世界和现实物理世界之间的互动论，取代了桌面时代互联网入口论，成为新的商业变化。这种互动，就是O2O，就是李克强总理讲的"网上网下互动创造新活力"，这种互联网数字世界和现实物理世界之间互动的思维，这就是"互联网+"思维。

2. 从互联网思维到"互联网+"思维

工业社会时代形成的传统企业，以资本为纽带，用合同法等员工保障机制使员工和企业形成"婚姻"关系，企业通过KPI（关键绩效指标）和SOP（标准作业程序）等管理体系，使员工形成合力，开发符合市场需求的产品并进行营销。

这种组织行为构成的"中心化"体系，在市场需求独特性日益明显，信息在移动互联网"去中心"传播的冲击下变得非常纠结，于是乎一个叫"互联网思维"的词在这几年盛行。可到底什么是互联网思维，又有谁说得清？有人说互联网思维就是免费，有人说互联网思维就是快，有人说互联网思维就是口碑，有人说互联网思维就是快速迭代，还有人说真正的互联网思维就是用户体验至上。诸如此类，好比盲人摸象。

细细琢磨，其实关于互联网思维的每个说法都很难站住脚，一切所谓的免费不过是换一种方式收费而已，即部分人埋单、大多数人受益；至于敏捷反应、口口相传、快速迭代、一切为了用户，哪个是互联网诞生之后才有的？哪个生意人不强调用户体验?

所以，"互联网思维"这五个字，不过是那些不会做也没做过生意，却喜欢研究别人生意，并且自以为颇有研究成果的一部分人（就是互联网大号们）玩的概念而已。它就是一个伪命题，根本不是什么新鲜的、互联网独有的特性。

黄太吉和雕爷牛腩的快速火爆只是互联网思维造就的吗？他们与众不同的是营销打法，这些打法恰巧利用了互联网这个工具而已。这样的做法能火多久还是一个巨大的问号。毕竟，做生意是要计算成本和收入的，好生意是要经得起时间考验的。

那些迷信"营销就是噱头、有噱头猪都会飞"的品牌，很多都惹上互联网的坏毛病——火得快、被人们忘记得也快，像一阵风吹过。这阵子，意气风发的互联网行业的人，叫嚷着用互联网思维颠覆传统行业，这使不少传统行业的人也为自己没有互联网思维而慌了神。

所谓思维颠覆，一定是新思维颠覆了旧思维。互联网思维的对应面是什么？我把它定义为工业思维，那么互联网思维是不是真的颠覆了工业思维呢？

就目前而言，互联网思维的确改变了很多传统的商业模式，但满足消费者需求最根本的是产品，也就是制造商生产出来的产品，如果说互联网企业代表互联网思维，制造商代表工业思维，那互联网目前最伟大的颠覆是改变和加速了产品和消费者之间的供应链机制，还没出现对于产品制造本身的巨大颠覆。

　　我们来看看，有没有纯互联网公司可能成为制造业大佬，比如未来几年谷歌收购特斯拉，在汽车制造领域击败宝马和奔驰？当然这是值得期待的，但有没有原制造企业成为互联网大佬的案例？2007年已经出现，一直被互联网人热炒的苹果公司！一个中东穆斯林后代在西方竞争环境中通过东方禅学思维感悟，将一个生产电脑的制造商变成全世界市值最大的互联网公司。

　　所以不存在互联网思维颠覆工业思维的说法，本质是工业思维和互联网思维融合，使互联网社会的到来变成了趋势，那么这两种思维在组织行为上有什么不同呢？详见下表。

	互联网思维	工业思维
个人特点	碎片化ID（时空多样）	单一ID（时空限制）
组织特点	去中心论	中心论
协作方式	互动	命令
表现方式	开放	固化
组织行为	自下而上	自上而下
产品特点	长尾（多、小、非标准）	垄断（大、单一、标准）
组织文化	自组织	他组织
竞争方式	向增量要价值	向存量要价值
行为基础	数据是基础	资源是基础
商业特点	信息对称	信息不对称
人性	个性独特性（自由）	个性从众性（平等）

　　在我眼里，互联网思维本质是追求自由的个性独特性，工业思维本质是追求平等的个性从众性，以前物理世界太小，人心太大，个性独特性和个性从众性几千年以来都在矛盾和纠结中，而互联网20年的发展，呈现了一个无边无际的数字世界，

由于数字世界越来越逼近时空不受限和资源不损耗，个性独特性在数字世界聚集，而作为人的实体受制于物理世界，时空受限和资源损耗明显，因此个性从众性在物理世界落地。

个人在数字世界聚集的个性形成社群，是个人行为的意识，而在物理世界落地的从众性，利用体验强化亲切感，是个人行为的触发点，这就是移动时代"互联网+"所带来的基于信息对称的时代，在一个物理世界挤不下的人心可以在两个世界自由互动和体验了！

所以，比互联网思维更重要的，是数字世界（互联网）和物理世界互动的"互联网+"思维，也就是线上（虚）线下（实）互动思维。

线上（虚）线下（实）互动是如何触发的？如下图所示，中间对称放了两面镜子，镜子之间的世界我们称为物理世界，镜子里的世界我们喻为数字世界，那么虚实互动思维其实是一种映射思维，把苹果放进两面镜子之间的物理世界，数字世界出现了无数个苹果，镜子里无数个苹果是数字化碎片ID的苹果，镜子间的那个是真实单一ID的苹果。那么虚实互动思维是什么？就是把真实单一ID苹果放进两面镜子之间，触发镜子里很多数字化碎片ID苹果映射行为的思维，这就是结合了互联网思维和工业思维的"互联网+"思维。

3."互联网＋"本质是C2B2B2C的消费者主权商业

消费者主权是诠释市场上消费者和生产者关系的一个概念，消费者通过其消费行为表现其本身意愿和偏好的经济体系。换言之，消费者根据自己意愿和偏好到市场上选购所需商品和服务，这样消费者意愿和偏好等信息就通过市场传达给了生产者。于是生产者根据消费者的消费行为所反馈回来的信息安排生产，提供消费者所需的商品和服务。

这就是目前互联网企业一直说的C2B，本质就是移动互联网时代O2O商业，可以使生产者快速实现消费者主权商业成为可能，所以不存在互联网企业所说的B2C-O2O-C2B的电子商务阶段，C2B仅仅是虚实互动的"互联网＋"商业模式在消费者主权这个角度的一个诠释而已！

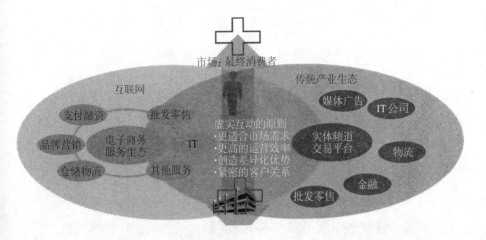

那么C2B能代表"互联网+"吗?显然仅仅是一个角度,而且这个对消费者主权的诠释只对了一半,这一半仅仅是"消费者意愿和偏好等信息通过市场传达给了生产者"(C2B),还有一半是"生产者根据消费者的消费行为所反馈回来的信息来安排生产,提供消费者所需的商品和服务"(B2C)。

如果说C2B是互联网思维的商业,那么B2C显然还是工业思维的商业,虚实互动的"互联网+"是互联网思维和工业思维互动融合的商业,所以"互联网+"的基本商业范式是C2B2B2C,消费者主权商业模式是企业"互联网+"转型的视角。

消费者主权的前提是消费者行为的变化,特别是当前"85后"、"90后"的年轻消费者,他们属于网游时代,不像我们"60后"、"70后"中年消费者,属于电视时代。网游时代的人讲究即时反应和碎片化的快速性,就消费行为而言,消费过程本身就是消费结果，而电视时代的人讲究连续的过程，从消费行为来看，就是消费过程是为了最后的一个消费结果。

在"85后"、"90后"年轻消费者心中，"我的"手机、"我的"眼镜这些虚实互动的终端，必定会出现"我不需要的内容不要出现在我的手机上"的要求。不像桌面互联网时代，资本投资桌面上的浏览器、安全工具基本上会成功，因为桌面互联网的工具，消费者无法因不需要这个理由，卸载浏览器软件，而手机桌面上的App就不同，本来就在移动状态的碎片化时间内，如果App要升级或出现过多不需要的内容，就会被消费者删除，导致目前消费者手机上的App很多是僵尸状态，这就是这几年出现了很多App投资失败案例的原因。

这些要求还不是关键，关键在于消费者的碎片化时间。碎片化时间在消费者眼里不仅仅是指不连续的时间，更是"私人"时间、自己的时间，碎片化是消费者行为变化的催化剂，它使消费者信息来源变得碎片化，获得信息入口变得碎片化，获得信息机会变得碎片化，而智能手机（穿戴设备）本身又是一个碎片化的行为终端，利用这个碎片化终端快速在碎片化时间内行动，产生新的数据和信息，引起其他消费者或生产者在碎片化时间做出碎片化的反应，这样的消费者行为就在数字世界数据快速流动和物理世界的真实体验中不断被以信息"去中心"的方式传递和发酵着。

在这种传递和发酵过程中，互动成为消费者行为变化的现象，营销中的参与感、存在感是消费者的诉求，主动发表对产品的看法，主动传播喜爱商品（服务）的信息，完成引流和成交，是消费者的主流行为。因此后工业化时代，也是物质过剩、产品功能同质的时代，满足参与感和存在感的互动产品将是后工业时代的产品趋势。

互动掌握数据，在线上有快速流动性（快）的数据能力，而线下则有真实温度感的体验能力，数据和体验感虚实互动，诠释了进入品牌调性时代的传播要素。

如果互动产品是趋势，那么制造互动产品，不仅仅是生产者的事，也是消费者的事，所以产品在设计端、制造端、市场端的商业过程进入了自由人自由联合和协作的时代，表现在反对权威、逆袭、我型敢秀传播正能量，以及众包模式通过互联网实现产品生产到消费的全过程。

在古典经济学那里，消费是生产的实现，生产者利润目标的实现取决于消费者效用目标的实现。生产服从于消费，生产者服从于消费者，在生产者和消费者的竞争关系中，起主导作用的是消费者主权。

但在"互联网+"到来之前的很长一段工业社会时期，为什么出现消费者主权被生产者主权取代的现象呢？下面是百度百科对此现象的解释：

生产者主权表现为生产者对市场的操纵，对消费者行为的控制。因为生产者借助于专业的市场调查机构，生产者能够获得消费者需求及其变化的丰富信息，把握消费发展的流行趋势，设计和生产适应消费者需求的产品。通过庞大的广告网、通信网和推销组织对消费者进行轰炸式的"诱导"，生产者可以迫使消费者接受其提供的品种、款式、规格、价格，按照其指导购买和消费。生产者借助于现代技术将其意志强加给消费者，于是，在现代经济条件下，不是需求创造供给，而是生产创造消费。

生产者主权的产生，关键在于消费者和生产者之间力量的不平衡。生产者总是组织集中的机构，可以动用规模性的力量。当面临外来力量的冲击时，可以进行组织协调，可以有条不紊地制定策略，展开应对。消费者则是分散存在的，消费行为本身就具有散在和灵活的特点。消费者很难对生产者采取集体行动，即使生产者对消费者实施了明显的损害行为，消费者或者期待自己可以幸免，或者等待他人采取行动，自己坐享其成。当人们都等待"搭便车"的时候，具有公告产品性质的维权行为的供给必然会低于社会的合力需求。当个别受害者不得不采取行动时，公众的一般态度也总是观望，很少自发地给予公开支持。

而移动互联网带来消费者行为变化，碎片化使行为更快速，互动变成行为主流，自由人自由联合协作变成行为趋势，生产者主权让位于消费者主权成为必然！

所以在移动互联网的冲击下，"设计—原材料—生产商—品牌商—分销商—零售商—消费者"信息不对称的商业模式被击破，在虚拟数字世界（比特）和现实物理世界（原子）互动下的新型商业模式——"互联网+"，开始以消费者主权为中心的商业重构了（如下图所示）。

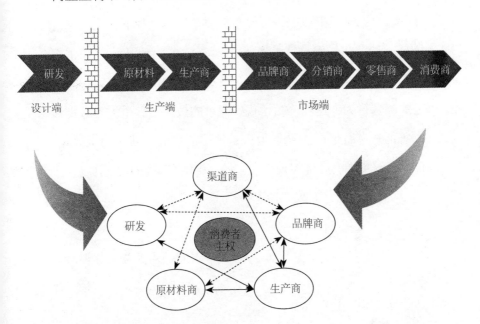

消费者主权论的原理是数据成为资本，亚当·斯密在《国富论》中认为：社会居民及个体有用的能力也属于资本。根据消费者主权论，消费者的消费行为在商品生产这一最基本经济问题上起决定作用，消费行为信息质变为数据资本。消费者的行为数据作为资产参与并促进商品的生产流通过程，因而有权参与分配数据资本所产生的增值部分。数据信息本身是具有价值的，数据资本起源于消费主权论，将社会居民及个体有用的能力进行汇聚而形成资本。将消费选择的种种信息进行汇总，并及时准确提供给商品生产者，这种信息本身就蕴藏着巨大的价值，有利于企业进行生产规划和成本规划。

在"互联网+"新商业模式到来之前，消费数据本身是通过一个自由市场形成的，汇聚数据非常困难。数据在汇总之前只是一种潜在的资源，尚未成为资本。而"互联网+"新消费主权时代，消费数据被汇聚，消费成长变成消费资本，形成统一的消费行为，这就产生了规模需求的效应。整个消费数据被系统汇总，所形成的消费力量是不可估量的。利用消费数据，商家能够更加有效地规划生产，经过优化实现低成本运作。

翼码公司业务支撑部总监

张　波

中篇
实践篇

第五章

"互联网＋"金融

1.金融的发展历程

（1）传统金融的定义

金融就是跨时间和跨空间的价值交换，任何有价值的东西，例如房产、粮食、汽车都能通过金融市场进行转换，这极大程度上活跃了资本市场。一个国家资本市场的活跃程度取决于其金融市场的成熟度。欧美等国之所以经济发达，原因不仅仅在于他们每年有上亿元的军费开支，也不在于他们的人均GDP，而在于他们有发达的金融市场，在商品市场及资本市场中活跃的金融市场无疑就是经济的发动机。金融是经济的命脉，是跨时空实现资源有效分配的工具，是经济增长的必要因素，想要发展经济，没有金融是万万不能的。例如股市，当前被监管者和市场作为反哺实体经济的催化剂，每天有超过万亿元资金在股市内流通，在不断推高股价的同时为股东们创造金融上的股利收入；再如在当前GDP政绩考核的制度下，金融被认作增加GDP的绝佳手段，越来越多的固定资产投资都可以通过地方债来实现，这更让金融对地方政府和官员们产生了吸引力。在中国，金融已逐渐被提到了战略发展的高度，以浙江省为例，浙江计划2020年建立全国领先的大金融产业格局、特色鲜明的金融产业功能体系、竞争力强的金融主导产业，分阶段实现两大总体目标：金融业总收入1.6万亿元，占GDP总量的9%~10%；2015年，金融业首次作为七大万亿级产业之一被列入浙江省政府工作报告，与信息、环保、健康、旅游、时尚、高端装备制造业并重。

传统意义上的金融体系是以银行为中心，作为储蓄者和借款人的服务中介，银行经营的对象是存款和贷款。最先以银行为代表的金融机构，从事的是一切与信用及货币的发行、保管、兑换、结算、融通有关的金融活动，银行从中通过服务费和存贷利息差获利。随着金融的发展，在货币和信用之外，债卷和股票也成为金融对象。从组成上看，金融中介最早是由个人来扮演，在发展到规模化的程度后，随着交易信息的采集和交换迅速增长，金融中介也逐渐由个人发展成组织和机构。金融中介能以最低的交易成本和信息成本，以较大数量筹措企业与个人投资者拥有的剩余资金，最大程度上避免社会资金资源需求信息不对称的弊端，而通常情况下，经济发展一定需要大量资金来推进。从供需上分析，资金上的需求是随着经济社会的不断发展而增长的，相对应地，供给在某种程度上说也就是储蓄，是提供资金的最基础来源之一。特别是在经济体处于原始积累、从不发达走向发达的过程中，在金融的高级功能还没有产生时，储蓄率的高低对经济发展速度起到决定性的作用。据不完全统计，几乎所有国家在发展过程中都伴随着储蓄率的上升，其中最有代表性的是日本，其在高速发展时期，储蓄率曾达到40％的水平。在促进储蓄率上升的因素中，金融行为是最重要的手段。金融的基本特点是，通过利息率，使当前储蓄转化为未来消费，实物转化为货币储蓄，并且使之增值进而转化为投资。这就决定了只要具备相当的储蓄率，市场就有条件自发地吸收社会闲散资金并将其转化为有效的投资，从而为实体经济的生产和人民生活的改善提供资金来源。综上，金融的特点不仅使它能增加储蓄渠道，还能成为扩展投资的最佳途径。金融机构通过拥有信息优势的金融机构把分散的储蓄资金集中起来，利用相应的投资需求渠道，从而发挥出规模效应的优势。

随着资金需求的不断增加，金融市场的出现和完善能增强金融工具的多样性和流动性，以满足投资者和借贷者的不同需求。由此便产生了多样化证券组合、金融衍生品。在过去几十年中，在金融创新名义下各类金融产品被创造出来，成为金融机构经营的产品和交易对象。随着技术的进步和管理方式的革新，尤其是以计算机和网络为代表的通信和信息技术的跨跃式发展，金融业态正在逐渐改变。随着金融自由化潮流的开展，金融的组成要素正在改变，现代金融体系也发生了颠覆性的改变。传统金融机构在金融行业具有无可替代的优势。以银行为代表的大型金融机构，拥有信息上的绝对优势，以及相应地获得各种金融资源的优势。以我国为例，从几个世纪前的钱庄、银号，到现今的大型国有银行、商业银行，以及投资银行、对冲基金，这些主流金融机构都具有相当的风险甄别和资产定价能力，并且同时具有处理复杂交易的能力。这些要素构成了金融机构的范式。

（2）互联网金融

随着互联网技术的兴起，新型的金融业态正在逐渐发展壮大，不断地改变着传统金融业，互联网金融已在悄然改变我们的生活。美国规模最大的互联网金融企业 Lending Club 在 2014 年已上市，国际市场对互联网金融这一模式已从充满好奇，转变为迅速看好且投入实践。而我国自 2012 年首次提出"互联网+"概念以来，由于不断增长的金融需求，各种互联网金融平台迅速崛起，不仅带来了财富和机遇，也对传统金融业造成了巨大的冲击。

以中国国内市场为例，消费者网上购买与支付的市场已经处于全球领先水平。海外独立研究机构统计显示，中国电子商务销售额年增长率达到 20% 左右，至 2016 年将超过 3 500 亿美元。一旦消费者大量使用在线购买与支付服务，并且互联网金融机构可以相对独立地绕过传统金融机构，为广大新型消费群体提供服务，那么完整的商业链条就得以显现。在线账户充值、在线消费，乃至借贷、理财等服务，互联网金融企业均可提供。传统金融领域的储蓄、消费中介、投资理财等传统业务将全面受到来自互联网金融机构的严重冲击。

概括来说，互联网金融对传统金融带来的影响主要体现在三个方面。第一，释放出新的行业增长需求点。互联网生态链覆盖了制造商、分销商、电商平台、物流和最终消费者等多个产业链节点，这一庞大体系对于金融服务的需求也迅速提升，为金融行业提供了新的利润增长点，扩大了传统金融产业的服务范围和服务对象。第二，有效提升倒逼机制，改善行业服务效率。传统金融服务业主要依托于长久以来的人员布局及线下物理网点进行行业业务拓展，服务范围有限，相对应地，服务质量也难以得到保证。随着信息化改革以及互联网技术的日益成熟，客户服务电子化手段极大地提升了金融业务的服务效率，降低了传统金融机构的成本，优化了用户体验。无论是由规模、地域等原因造成的无法被提供服务的客户，还是各级金融服务的提供商，都将因此获益。第三，引入了跨界竞争机制。互联网金融的出现使旧有的市场格局发生了剧变，不断衍生出的金融服务模式，正在蚕食传统金融机构的原有市场。未来传统金融机构面临的最大危险并非来自业内，而是来自业外。受到三个方面的主要影响，传统金融机构将不得不在运营模式、产品理念和服务手段上做出调整，以适应市场的选择。

在这个市场经济即将发生变革的时代，金钱不是做奴隶就是做主人，二者必一，别无其他。就像贺拉斯所批判的，人类若想挣脱枷锁就得抓起"互联网+"这条皮鞭，而不是困锁在传统金融的束缚之中迎来"死亡"。加速思维的新陈代谢，传统模式脱胎换骨是乘上变革之潮的必要手段。传统金融机构手握信息、资源的规模优势，又在产业链上占尽优势，只需跟上互联网时代的步伐，便可依旧保持其巨大的竞争优势，与互联网金融之间形成良性竞争关系。传统金融机构和互联网金融机构的同化将是未来金融改革的方向。

（3）"互联网+"金融

当今世界，信息技术、科技革命正改变着人们的日常起居，生活改变最直观的表现就是财富的增长。而"互联网+"便是传统领域和新兴产业结合的典范。"互联网+"有六大特征：一是跨界融合，二是创新驱动，三是重塑结构，四是尊重人性，五是开放生态，六是连接一切。"+"就是跨界、变革，就是开放和重塑融合。在金融领域，货币不再单一表现为支付手段和价值尺度，而是转化为一种信息量、数据流。它从一定层面上打破了原有的物理环境、时间、地域限制，通过互联网云端计算，大数据流牵引，抢占市场先机，让财富实现指数级增长。

跨界后，创新的基础更加坚实；融合后，跨界优势才会实现，从研发到产业化的路径才会史垂直。中国的资源驱动型增长方式早就难以为继，必须转变到创新驱动发展这条正确的道路上来。以2015年一季度中国GDP增长的变化来看，服务业增速远大于工业。这正符合"互联网+"的特质。在经济转型升级的新常态下，用互联网思维求变，自我革命，发挥创新的力量是当下最符合经济发展规律的"捷径"。信息革命、全球化、互联网业已打破了原有的社会结构、经济结构、地缘结构、文化结构，而传统金融恰恰是原有结构的构建者，通过"互联网+"金融，能够有效地突破原有传统金融的瓶颈。

"互联网+"离我们其实并不太遥远，我们不妨通过下面这则故事来看：小王在某互联网公司当程序员，月薪2万，拥有一个如花似玉的未婚妻，最近他们正在规划新婚后到马尔代夫蜜月旅游。做了一番攻略后发现，需要花费人民币大约8万元左右，但是两人手头上又没有这么多余钱。小王为了不让未婚妻失望，通过P2P平台发布了一则借款5万元的申请。平台经过一番调查，发现小王的经济能力、收入情况和个人财产均显示有较强的还款能力。于是很快就有两人通过该平台看到了小王的情况，并与其签订了合同，以8%的利率和2%的手续费分别将3万元和2万元旅游金交付到了小王手上。小王有了蜜月经费，便开始筹划行程，很快通过票务网和旅游网订了往返机票和住宿酒店，使用支付宝完成6 000元和4 500元的第三方支付。这时小王发现网上正登出一则呼吁保护马尔代夫的公益众筹广告。为了使这个具有纪念意义的地方不在世界上消失，小王果断申请参与众筹，交付一万元，成为第一千对参与公益筹款的情侣，并获得了每年免费去马尔代夫旅游的回报。

上述事例表明，互联网金融正在潜移默化地改变我们的生活习惯。"互联网+"金融正在通过移动互联网端、云计算、大数据和社交网络重新构建金融领域新框架。它已经不是停留在规划层面的臆想，而是暗流涌动的创新与行动。2014年全国P2P平台1 228家，P2P年末贷款余额超过1 000亿元。众筹平台128家，覆盖了全国17个省。三方支付269家，在2014年仅手机移动支付就发起了45.24亿笔业务，同比增长170%。毫无疑问，"互联网+"金融已经站在了风口，并有可能化身为飓风的风眼。

当今的互联网金融相较于市场组织的扁平化分布和国家政府的分层组织，已呈现出一种介于两者之间的节点态势。并不单一化的分布使得谁能控制住大节点，谁就拥有更多连接其他小节点的渠道。因此，互联网金融机构或平台不断出现大鱼蚕食小鱼的竞争态势，与传统金融机构的组织形态极为类似。这点很好地贴合了经济环境中幂律分布的原则，即"马太效应"，大机构大平台盈利越来越高，小机构小平台越来越难以生存。当下，中国互联网龙头企业腾讯、阿里巴巴、百度不断抢占市场，吞噬小机构，阿里巴巴的余额宝更是一跃成为中国资本市场上最大的货币基金。整个互联网金融领域的结构组成包括P2P网贷、众筹、第三方支付、大数据等多种业态，政府对于新兴事务缺乏有效的监管，加之市场本身存在的"马太效应"，以及市场竞争参与者逐渐从价格接受者转变为价格制定者，这使得互联网金融领域在初期放空扩张呈现出一片繁荣之后，开始回归平静。2014年，仅P2P网贷这一行业倒闭的就超过百家。80%的投资者想着如何赚钱，只有20%的投资者考虑亏损之后如何应对，所以只有20%的投资人赚钱，80%的投资人赔钱。如不及时更正，等回过神来，新兴的互联网金融市场将只剩下一片残垣断壁。综上，引领行业健康发展，保护"互联网+"金融，适时地遏制过于膨胀的扩张态势，适当地转为向内收缩，促使机构平台在各自领域深耕，确保整个互联网金融市场健康发展，保护整个业态的生态圈平衡，是政府以及企业平台自身最应该考虑的。

2. 传统金融的痛点与"互联网+"金融的优势

（1）传统金融的痛点

从经典经济学理论来看，经济发展是有其特有周期的。以熊彼特周期为例，第一个长周期从18世纪80年代到1842年，是"产业革命时期"；第二个长周期从1842年到1897年，是

"蒸汽和钢铁时期"；第三个长周期从 1897 年到 1949 年，是"电气、化学和汽车时期"。以此类推第四周期和第五周期，分别以计算机的广泛应用和互联网技术的急剧提升为创新标志。而每一次经济大发展均与技术创新同步。因此在互联网、移动大数据技术发展的短短几十年周期中，只有做到经济发展形态与技术革新紧密结合，才能使经济产业发展顺应时代潮流前行，获取技术革新的最大红利。

熊彼特周期划分

	繁荣（年）	衰退（年）	萧条（年）	复苏（年）	技术时期
第一周期	1782~1802	1815~1825	1825~1836	1838~1842	产业革命时期
第二周期	1842~1866	1866~1873	1873~1883	1883~1897	蒸汽和钢铁时期
第三周期	1897~1913	1920~1929	1929~1937	1937~1949	电气、化学、汽车时期
第四周期	1949~1966	1966~1973	1973~1982	1982~1991	计算机时期
第五周期	1991~2008	2008~2015			互联网、移动大数据时期

自 2008 年美国次贷危机爆发开始，国际经济遭遇滑铁卢。纯互联网领域虽在下行，"互联网＋"新经济却在近年崭露头角。尤其是金融业，经历了 2003 年互联网金融元年之后，大有将互联网技术作为撬动国内经济回暖的杠杆之势。伴随国内股市的阶段性大爆发，金融业能否利用移动互联网爆发式增长的拐点，通过移动互联网、大数据、云计算以及社交网络四架马车寻求突破性增长，是带动整个经济环境走出冰霜期的关键所在。

因此，用技术打破信息壁垒，用数据跟踪信息记录，互联网技术优势必须冲破金融领域的种种信息壁垒，互联网思维必须改写金融领域的格局。"互联网+"金融的实践正在让越来越多的企业和百姓享受更高效的金融服务。传统金融的"三高"问题已然成为市场经济有效发展的毒瘤，能否借助"互联网金融"这把快刀解决这个疑难杂症是我们接下去要考虑的问题。

传统金融服务门槛相对较高，而市场基数大，需求大。市场供求关系出现严重偏差。以普通民众收入为例，中国目前的中等收入人群占社会人口数量的大部分。如果以收入为横坐标，以拥有此收入人口数为纵坐标，会形成一条钟形分布曲线，这种曲线两边衰减得极快，即个体的尺度在这一特征尺度附近变化很小。不难发现，我国居民收入近似"泊松分布"。因此，中等收入人群的金融投资、理财、借贷等需求事实上成为市场主流需求。而传统金融机构，诸如保险、银行等服务对象往往偏向高收入人群。在服务对象和服务方式上或多或少存在错配情况。另一方面，由经济学原理和统计学可知，绝大多数企业都是中小企业。这些中小型甚至微型企业，尚在起步阶段，普遍面临"融资难，融资贵"的问题，而传统金融机构在传统意义上的借贷业务都呈金字塔式，在员工有限的情况下，只能按照从高优质资源自上而下选择对象提供服务。从传统金融自身结构的弊端来看，个人理财、个人借款、中小微企业借款等服务，大多数中低端客户都很难满意。互联网作为无门槛的服务平台，打破了该领域的高门槛，普惠金融的概念得以普及。

传统金融服务程序复杂，专业程度过高。过去，传统金融领域给人的感觉过于高大上，服务过程烦琐，很多初涉该领域的客户未必能读懂其条条框框，换言之，传统金融在服务条款以及签约合同，甚至服务上都是秉持着"我来说，你来做"的思路。客户大多只是道听途说、一知半解，被机构牵着鼻子走。彼此缺乏互动，缺乏了解。而互联网金融加强了互通，给用户第一时间的客户体验，授人以鱼不如授人以渔，不仅改变了过去复杂环境导致的服务效率低下，更培养了客户，使得客户在风险认知、操作规程上都有了自己的认识，也从侧面减少了纠纷。

传统金融资金成本高，蚕食了消费者的利益。由于过程繁杂，手续过多，就像一座大山压在了投资人和借款人的肩膀上。中小微企业甚至倒在了借贷利息过高无力偿还的路上，隐藏在这背后的不单是经营不善，资金成本过高也是一记补刀。传统金融行业由于其高额的人力资源成本、营业网点耗费，以及对资金的不当管理，是导致其没有竞争优势的客观主因。另外，面对通胀，投资者是否能跑赢通胀，实现财富的保值增值，也值得我们思考。

传统金融机构制度设置和顶层设计的不合理，是传统金融领域日益缺乏竞争力的另一因素。笼统来看，目前绝大多数的大型金融机构都是国有控股，从资本配置到经营手段，往往都未实现效益最大化；而部分权贵垄断和不公平竞争问题也是众所周知，这严重阻碍了金融作为经济发展的推动力作用。可以说，与其希望通过对传统金融上层建筑的改革，还不如在其他领域，诸如在互联网金融上取得创新突破来得更为切实有效。传统金融行业从某种程度上来说已经是积重难返，或许对新的互联网金融增加关注和投入才是上策。

（2）"互联网+"金融的优势

在中国，金融的发展得益于两个基础，一是技术，二是政策。技术的进步大大推动了互联网金融创新的进程。移动互联，让随时随地连接成为可能；大数据技术，通过数据积累和挖掘分析，为用户提供更好的信用服务和用户体验；云计算技术，大大降低了成本，提升了效率，加快了产品的迭代速度。信息技术变革日新月异，在传统金融竞争力下降的同时，互联网金融却在政策利好的伴随中快速发展。2014年的中央政府工作报告中提出要促进互联网金融健康发展，完善金融监管协调机制，央行和银监会均在两会上肯定了互联网金融的积极作用。其中互联网金融针对解决小微企业融资难融资贵的贡献，已经受到政府的重视。扶持互联网金融，包容型的监管为互联网金融的进一步创新发展提供了土壤。2014年12月18日，中国证券业协会起草并下发了《私募股权众筹融资管理办法（试行）（征求意见稿）》，对私募股权众筹融资的非公开发行性质、股权众筹平台、投资者、融资者等方面做出了初步界定；2015年1月20

日，银监会进行机构大调整，其中新设普惠金融部，除了监管备受关注的P2P网贷，其监管范围还包括小微、三农等薄弱环节服务，以及小贷、融资担保等非持牌机构。

由此可见，互联网金融在现阶段拥有传统金融行业无法比拟的优势。我们大可通过互联网金融，改善中小微企业的融资环境，提高金融行业的投融资效率，改善民生，更为有力地催化、帮助实体经济回暖。借助此类思考，通过"互联网＋"金融手段最终有效满足经济形态"长尾分布"上的各种需求。而这条"长尾"正是需要互联网金融抬起分布的前端，总体行业分布呈现出一种只存在极个别的无法满足的对象，而大部分人需求都能得以满足的态势。实现良性增长，创造良好的金融环境，让这把大火能够重新点燃金融市场。

3. "互联网＋"金融的发展现状

（1）第三方支付

移动互联网时代，支付被重新定义。我们可以在移动端分享自己的位置信息、移动购物、酒店机票预订、打车、团购、扫码结账、余额宝等个人理财服务等等，第三方支付正在慢慢渗透进我们的生活，改变我们的生活方式和行为习惯。

第三方支付是互联网金融业务开展的基础。截至目前，支付行业已覆盖网上购物、网络游戏、航旅、公共缴费、基金、保险、跨境支付、信用卡还款、电信充值、零售连锁、教育等多项业务。支付连接的是我们的生活场景，包括转账、购物、打车、缴水电费、充话费、扫码付费、加油充值、手机充值等，移动支付把虚拟的操作和实际的社会活动连接起来，以此来建立有活力和有黏性的健康生态，因此移动支付端成为阿里和腾讯的必争之地。滴滴、快的打车软件补贴大战，春节红包大战等都是两者用户争夺战的代表。2014年除夕，支付宝红包的收发总量超过2.4亿次，微信"春晚摇一摇"互动总量超过110亿次，微信收发10.1亿次，红包刷爆了朋友圈。阿里支付宝采用输口令的方式，总计收发40亿元。

根据艾瑞咨询统计的数据，2014年中国第三方互联网支付交易规模达到80 767亿元，第三方移动支付市场交易规模达到59 924.7亿元。目前第三方支付在中国市场的集中度较高，以支付宝、财付通为代表的账户类支付公司占比在65%左右，以银联为代表的综合类支付占比12%左右，以快钱、汇付天下、易宝支付、环迅支付占比20%左右。

随着第三方互联网支付、银行卡收单、预付卡发行与受理、移动电话支付等业务的开展，央行对于第三方支付的具体业务和管理办法及规定逐步细化和明确，相继出台了《非金融机构支付服务管理办法》《支付机构互联网支付业务管理办法（征求意见稿）》《支付机构反洗钱和反恐怖融资管理办法》《支付机构预付卡业务管理办法（征求意见稿）》等多项法律和文件，第三方市场逐步走向完善和规范。截至 2014 年底，共有 269 家第三方支付机构获支付牌照，准许经营第三方支付业务。

支付行业主要有两大阵营：账户支付和行业支付。

账户支付占据互联网支付及移动支付市场大部分份额，这样庞大的市场份额依托于阿里巴巴、腾讯的海量用户和强关系账户体系，通过构建创新场景来培养用户的支付需求，提供增值服务，形成自有体系内的移动支付交易闭环。余额宝、微信红包、打车服务等都是极具黏性的支付场景；通过积累的海量用户数据开展个性化的服务，开发新产品，从而构建自己的生态体系，建立竞争壁垒。

行业支付以快钱、汇付天下、易宝支付、环迅支付等为代表。目前，各个支付公司都开展了"支付＋营销"、"支付＋信贷"、"支付＋理财"等众多多元化增值业务。行业支付企业大量的交易信息及其他行业积累，为企业客户提供包括供应链金融服务、POS贷、垫资、保理、P2P资金托管等金融增值服务。例如，快钱基于其跨行资金清结算系统，开发跨银行管理资金流和信息流的"快钱快e融"电子信息化供应链融资平台。

互联网金融的入口、互联网金融生态趋于完善。支付是金融的基础，支付为互联网金融提供了入口，余额宝、百度理财、理财通、挖财、人人贷、陆金所等都构建在支付入口之上。在支付之上，基金、银行理财、股票、P2P、财富管理等业务将蓬勃发展，作为金融体系的底层构造，支付极大地促进了互联网金融生态的繁荣和完善。

线上线下融合加快。支付之争就是场景之争，场景之争就是入口之争，大平台通过抢占布局场景来抢占互联网和移动端的入口。因此，O2O战略至关重要，通过构建线下场景，发展商业模式，从而形成商业闭环，建立不可复制的竞争壁垒。滴滴、快的等成功的商业实践加快了线上线下的融合步伐。

巨头垄断支付行业，中小支付企业差异化发展和竞争。支付宝和财付通围绕个人账户创新产品展开服务，占据了第三方支付大部分的市场份额，未来几年还将维持这样的竞争格局。而其他中小企业走行业发展路线，积极开发垂直化的营销、信贷、理财等多元化增值服务，比如快钱专注于供应链金融，易宝则在努力从支付公司向金融服务公司转型，而汇付天下选择积极布局线下，占领银行卡收单市场。

跨境业务将成为支付行业新蓝海。近几年海淘用户增加，用户跨境支付消费需求增加。2015年，广东、上海、天津、宁波等自贸区的开放，将会大大促进跨境业务的发展。阿里巴巴、快钱等巨头也早已将触角伸向了跨境业务。

移动支付逐步替代互联网支付。近年来，随着移动手机的普及和技术的发展，移动支付的增长率远高于互联网支付的增长率，且移动支付比互联网支付更具便利性，阿里、腾讯在支付的布局上也更侧重在移动端，移动端支付将逐步替代互联网支付。

（2）P2P

互联网金融的新生力量相较于互联网巨头和传统金融集团，是"小而美"遇上"大生态"。以P2P、众筹为代表的互联网金融新生力量正在慢慢改变金融世界的逻辑和格局。普惠金融、去中心化等理念都拥有深入人心的力量。在历史的长河中，充满着大集团倒下和小强盗崛起的故事。在时间的帷幕还没拉开之前，未来的金融格局是一个未知数。

P2P是指借贷双方在互联网上完成撮合和对接，由借款人出借资金给贷款人，一定期限之后，贷款人支付利息和本金给借款人。2005年全球第一家P2P平台Zopa成立，标志着网络借贷的开始。2014年12月11日，全球最大的P2P平台Lending Club在纽交所上市，标志着P2P作为一种新的商业模式得到了全世界的认可。目前，成立于2007年的Lending Club已占到美国P2P市场总额的75%。

2007年，中国第一家P2P平台拍拍贷成立。随后，P2P作为互联网金融的创新业态在中国蓬勃发展。截至2014年，已有P2P网贷平台2 358家，其中活跃平台1 680家，利率约为17.51%，网贷成交额3 283.64亿元，平均期限5.89个月，日均参与人数7.63万。

到目前为止，P2P在中国已发展出众多可行的模式，其中有以宜信为代表的线下债权担保模式，以拍拍贷为代表的纯线上信用模式，以陆金所为代表的担保、抵押模式，以向上360为代表的O2O模式，以人人贷为代表的混合模式。在激烈的市场竞争中，宜信、红岭创投、陆金所、PPmoney占据了市场大部分的份额，各种银行系、国资系、上市系平台的进入，使P2P行业发展逐渐走向专业化和细分化。众多细分市场已有行业代表，比如翼龙贷专注做三农的细分大市场，并于2014年获得联想10亿元的控股投资；微贷网专注做汽车抵押和质押贷款，在浙江站稳脚跟，2014年已走出本省，向周边城市辐射贷款服务；趣分期专注做学生消费贷款，目前已有5亿元的估值。

金融向来和风险并存。P2P自问世以来，负面新闻不断。2014年我国出现提现困难、倒闭、跑路等问题的P2P平台达338家。虽然跑路新闻不绝于耳，但是相较于2013年，P2P市场正处于不断发展壮大和走向完善与规范的过程中。2014年，P2P成交额较2013年增长267.90%，P2P贷款利率较2013年降低7.42个百分点，贷款期限较2013年延长1.88个月，日均参与人数较2013年上涨200.39%。

另外，资金安全也在不断完善中。2013年底，央行建议应当建立P2P借贷平台的第三方资金托管机制。为明确P2P平台信息中介的身份，众多规范的平台开始将资金交由有托管资质的第三方支付平台托管。2015年1月，宜信与中信银行、招行与你我贷分别签署战略合作协议，是银行在P2P客户交易资金托管方面的首次破冰，银行托管时代的来临，是P2P平台增信的一种新方式。

在征信方面，越来越多的P2P平台接入资信、鹏元等征信数据。一些大型的P2P借贷平台发力征信技术，向正规化发展，拍拍贷、陆金所、宜信等都已自建征信体系，便于对用户和资产进行信用评级，快速识别风险。

宜信从2006年成立以来，一跃成为世界最大的P2P平台，交易体量是Lending Club的两倍。网点分布在182个城市和62个农村地区，建立起强大的全国协同服务网络，目前已有员工4.7万人，线下大量分支机构及其销售人员和业务经理，为超过200万高成长性客户提供P2P借款、互联网小贷、融资租赁、保理、担保等多种形式的小微金融支持，为数十万大众富裕阶层客户提供独立理财咨询、保险与基金销售等服务。

宜信从P2P走来，直接交易、债券转让、信托机构、小贷机构这四种P2P业务模式，宜信均有探索和创新，宜信的产品线也非常丰富，拥有宜人贷、宜学贷、宜车贷、宜房贷、宜信宝等众多产品。

从宜信的案例中，我们可以看出P2P借贷的发展趋势。

• P2P的市场规模还将进一步扩大，伴随激烈的竞争和风控技术的提高，资金价格将下降。

• 泛平台属性增强，平台不光只做P2P业务，还将向理财、支付、众筹等方向延伸，拓展业务范围。

• 北京、上海等大城市的市场已经饱和，中小城市和农村是P2P的下一个战场。

· 更多领先的平台重视数据的建设，并借此发力征信技术，完善风控模型，逐步走向正规化。竞争激烈，市场风险加剧，倒闭平台数量增加，大平台将占据80%以上的市场。

（3）众筹

众筹的概念源自国外"crowdfunding"一词，借助互联网的分享、去中心化、众包等元素，集中众人的资金、能力和渠道，为小企业、艺术家或个人进行某项活动等提供必要的资金援助。众筹可以分为店铺众筹、股权众筹、回报众筹、公益众筹四种类型，目前，众筹通常指的是股权众筹和回报众筹两种。截至2014年底，国内已有128家众筹平台，其中，股权众筹平台32家，商品众筹平台78家。15家主要商品众筹平台成功完成筹资的项目总数为3 014个，成功筹款金额约为2.7亿元，活跃支持人数在70万以上。股权众筹方面，可获取的数据显示，成功项目有261个，筹资总额在4.8亿元左右。目前，我国众筹还处于起步阶段，市场还未成型，业务模式和盈利模式还不明朗，不少平台因运营不善已经倒闭，虽然现在众筹几乎不成规模，远不及P2P，但是众筹市场未来的发展不可小觑。2014年11月，股权众筹被写入国家战略，国务院总理李克强在国务院常务会议中首次提出，"要建立资本市场小额再融资快速机制，开展股权众筹融资试点"，进一步采取有力措施，缓解企业融资成本高的问题。时任央行副行长刘士余甚至表示："未来 3 年，中国互联网金融众筹模式将做到全球第一。"众筹作为一种创新金融的形式被广泛看好。

众筹是解决小微企业融资难的一个重要探索，小企业贡献了 50% 的 GDP，但是小微企业融资难依旧是个世界难题，这些小微企业只有 17% 能从银行、风险投资和天使投资处得到资金。而众筹模式被认为能够担起这个重任，众筹利用互联网高效、便捷的特点，为民间资本与小微企业提供了直接对接的渠道。众筹为众筹项目提供正规金融机构不能提供的服务，对项目早期来说，是一个非常大的支持，相当于一个微小金融交易所。众筹模式的特点主要是利用互联网的开放平台，有效地把产业和金融链对接起来，是最接近金融本质的创新融资方式。众筹也将改变商品生产、商品销售的方式，传统的商品都是先生产后销售，众筹的商品在生产之前就经过了市场第一轮的考验，商品生产和流通从传统的 B2C 模式转换到 C2B 模式，实现由用户主导商品的生产和销售，实现生产者和消费者角色的互换。另一方面，众筹引入"众包"的思想，消费者自发主动地参与项目的设计、生产和营销。众筹聚拢原来非常分散的消费者、投资人。之前，把这些零散的人聚集起来的成本非常高，通过众筹大大降低了其中的人力成本。最后，众筹大大改变了营销的方式。众筹项目的发起和成功，对项目来说，本身就是一次成功的营销，不少成功的项目通过众筹也获得了第一批种子用户，并且参与众筹的用户经历众筹项目的开始到结束，比普通的用户更忠诚，更具黏性。

股权众筹是互联网金融对传统融资方式的补充，是多层次资本市场的重要补充和金融创新的重要领域，有效弥补新三板、四板市场的线下短板。股权众筹未来可走向"大私募"，为未来的"小公募"预留空间，形成公募、小公募、大私募和私募四个层次。同时，股权众筹还可在我国的多层次资本市场过渡和培育过程中，提供企业转板和行业孵化的线上平台。我国的新三板企业大多还处于初创期，成长空间巨大，其潜在价值有待深度挖掘。如果券商能统筹规划，为企业在低层次市场挂牌提供方便，建立梯次转板机制，就能使新三板、四板市场在多层次资本市场体系中发挥更好的补充作用。如果监管得当，股权众筹未来或将成为众多小微企业的投资天使。

众筹的出现，降低了创业的门槛，改变了之前大家协作的方式。创业者只要有想法就可以在众筹平台发起众筹，志同道合的小伙伴和忠实的粉丝都可以加入到项目的创业之中，真正实现人人都可创业。另外，众多众筹项目的成功为创意创新市场增加信心，众筹的出现极有可能颠覆电影、出版等产业，特别是中国的影视产品被严重压制，众筹无疑为众多文化产业者提供了一个新的平台。

众筹市场的出现，为小众产品的生产和发行提供了一个很好的平台，为小众需求的满足真正带来了机会。传统的小众产品往往会面临售价高用户少而无法进行生产和销售的窘境，就算生产出来了，也会面临销售不佳的状况。而众筹平台的项目是由消费者来决定和推动的。在供需关系的推动下，生产者往往有较高的定价能力，小众产品不会因此消逝在市场中，而是能够满足众多长尾用户的小众需求。

（4）配资

目前，我们常看到的互联网配资主要有两种模式：中介模式，例如金斧子；P2P模式，例如汇银通。其本质都是股民在线提出配资申请，互联网平台帮其融资扩大操作资金。

P2P模式是指在线配资借贷，由平台提供股票账户，理财人提供资金，配资人操作股票账户，按月支付利息及服务费的形式进行配资的中介业务。互联网平台在接到股民的配资申请后，直接通过网络渠道筹集相应比例的资金，例如股民存入1万元保证金，杠杆为5倍，平台则需要给其配资5万元，于是就会在收到保证金后发布一个总金额为5万元的借款标，满标后再将款项打入指定的股票账户。收取的这部分交易服务费及配资利息，也是提供股票配资服务的P2P平台的主要盈利来源。

在费用方面，通常平台给P2P投资人的年化收益率约为10%~15%，期限以1~2个月居多，最长一般不超过6个月，平台再以服务费、开户费、管理费等名目收取3%的费用，配资申请人获得资金的总成本普遍在13%~18%。

而在中介模式中，互联网平台只负责撮合交易并收取一定的中介费，费率基本也在 3% 左右。其一端对接线上申请配资的股民，另一端对接线下的配资公司，资金以自有资金、民间资金为主。

与传统股票配资业务有所区别的是，P2P配资业务的所有流程均在网络上进行，包括用户注册、签署电子合同、支付手续费用、借款利息等。对此有业内人士分析指出，这种模式具有一定的优势，即打破了地域的局限性，可以面向更多配资人。多倍杠杆理论上能为配资人带来多倍的收益，但另一方面也将配资人所承受的风险放大了数倍。

随着配资业务日益火爆，很多平台不再满足于单纯的中介模式或P2P模式，互联网配资业务的资金获取渠道也日趋多元化。如果按照资金来源来看，目前主要有三种形式，除了P2P、配资公司之外，还新增了券商渠道。

互联网平台与证券公司的合作模式实则就是传统的券商两融业务，原本该业务的资金门槛较高，一般小散户无法参与。而现在，互联网平台作为配资主体，通过融资交易放大杠杆，在券商获得资金后再批发给下游的股民。

在这种模式下，券商相当于资金的一级批发商，互联网平台为二级批发商。券商该业务的资金以自有资金和银行资金（通过伞形证券投资信托进入）为主，所以其资金成本相较于P2P和配资公司更低。

然而在配资业务火爆风光的背后，是暗藏的危机。虽说配资业务由来已久，但互联网配资却引发较多争议，这主要跟以下两个因素有关：其一，降低了参与门槛。传统的民间配资通常门槛都在百万元规模，而券商的两融业务过去最低门槛为50万元，且开户必须满18个月。自2013年起，部分券商为了提高这一市场的交易活跃度，逐渐将门槛调低至10万元、20万元不等（各家券商规定不同），开户时限降低至6个月。而互联网配资业务则继承了互联网金融低门槛、受众广的优良基因，参与门槛最低千元起，并且线上操作不再受时间限制，24小时均可申请。同时，因为金额普遍较小，互联网配资也省去了信用审核环节。其二，提高了资金杠杆。除了降低参与门槛外，互联网配资还大大提高了杠杆上限。通常民间配资和券商两融业务的资金规模较大，杠杆比例在1~3倍，而民间配资杠杆上限可能还要略高一些。但互联网配资一下子就把杠杆上限放在10倍，甚至15倍。在实际操作中，网络配资的杠杆通常为3~5倍。同时，与券商两融业务的交易机制类似，互联网配资也采用逐日盯市、引入补仓、强行平仓等方式控制风险。

其兴也勃焉，其亡也忽焉。2015年7月12日证监会公布的《关于清理整顿违法从事证券业务活动的意见》（以下简称《意见》）中，再次要求派出机构和证券公司加强对场外配资业务的清理整顿力度，这导致在互联网配资平台上发生了一系列连锁反应。6月中旬至7月初，在A股市场疾风暴雨式的大跌过程中，"杠杆"还扮演了重要角色。

7月13日，多个国内互联网配资平台纷纷发布公告称，即日起，停止股票质押贷款的中介服务业务，其中也包括率先在业内提出将P2P服务和股票配资业务相结合业务模式的米牛网。

在《意见》公布之前，国内知名的在线股票配资P2P平台之一的米牛网还一直顺风顺水。据了解，2014年9月正式上线的P2P配资平台米牛网，在三天时间内实现1亿元交易额，短短4个月内累计配资规模超过7亿元。截至目前，客户已突破10万人，累积交易额达到49.23亿元，同时，2015年1月还获华映资本4 980万元A轮融资。其业务模式正是米牛网为借款人提供配资利息，每月在1.5%~1.8%之间，同时，投资者还可以通过米牛网找到年化10.80%的投资标的，保本保息。其中股票质押借款中介业务正是米牛的明星业务。而在证监会公布《意见》后不久，米牛网随即发声：即日起停止股票质押贷款。

所谓股票配资，实为一个"借钱炒股"的过程，例如，配资人最少以2 000元的保证金，就能在短时间内以最高1:5的杠杆自动获得平台提供的1万元借款，共1.2万元由配资人本人操盘。经过配资，如果持仓的股票全部涨停，立马就能赚60%。所得的盈利除去应支付的固定利息，剩余金额全部归配资人所有，当然亏损也由配资人承担。出资人通过P2P的方式借钱给配资人，享受年化10.8%左右的固定收益，不承担风险。

但是，在股票配资被追捧的同时，其潜在的风险性也不容忽视。尽管平台设置了警戒线以及平仓线，但这种看似有安全保障的设置仍然存在一些不可忽视的风险。

首先，由于缺乏监管，目前操盘人员和投资人将钱汇入P2P平台自有账户的做法是存在法律漏洞的（既不准许也未阻止），有非法集资嫌疑。而且一旦P2P的股票配资形成规模，可能对证券市场的交易秩序产生影响。

其次，由于股票配资属于杠杆交易，因此当账户金额接近平仓线但平仓失败时，在高杠杆的作用下资金的安全性问题就会被急剧放大。

最后，目前所有股票配资平台皆以配资人所提供的本金作为保证金，而缺乏其他固定资产作为抵押。一旦配资人亏损，保证金消耗殆尽，就很容易波及投资者，姑且不论收益，投资本金也会受到威胁。如配资人无法保证按时还款，而平台也鲜有为这一模式提供担保，仅靠止损线来规避风险，其潜在风险始终存在。

正因为如此，早在2015年5月，证监会就开始清查A股场外配资。5月底，证监会要求证券公司全面自查自纠参与场外配资的相关业务，其中包括恒生电子HOMS系统为场外配资提供服务，并停止HOMS系统向场外配资提供数据端口服务。这意味着，HOMS系统将不再有新资金进入，场外配资平台与券商的纽带被割断，而2014年以来曾火爆一时的股票配资，也将面临生死考验。

可以看出，早在 A 股暴跌之前，证监会就已下发了相关通知，以加强证券公司信息系统外部接入管理。而 6 月 13 日午间，证监会发布官方微博，要求证券公司对外部介入进行自查，各地证监局对自查情况进行核实。7 月 12 日，证监会下发《意见》，清理整顿违法证券业务活动。

从 7 月 12 日下午 6 点半证监会清理配资的"军令"发出，到 7 月 13 日下午一批平台陆陆续续宣布全面停止配资业务，线上配资平台遭遇了突如其来的"生死劫"。而对于米牛网来说，其业务遭到了毁灭性打击，所有业务全都停掉，线上全停，线下也有部分停掉，老客户合同到期后不再续配，新客户业务也不再接。保证金全部退掉，销户后账户也不再开，逐步清仓。仿佛一夜之间，上半年极为红火的场外配资业务就走到了末路。

值得一提的是，此次对配资业务的围剿，除证监会发布通知外，还得到了网信办的支持。同日，国家网信办也发布通知，全面清理所有配资炒股的违法宣传广告信息，并采取必要措施禁止任何机构和个人通过网络渠道发布此类违法宣传信息。而证监会近期的清查效果显著，对于配资平台已经产生了实质影响。在证监会公布《意见》后，国内多个配资平台纷纷发布公告，停止股票质押贷款的中介服务业务。

P2P 平台本身就存在着巨大的风险，加之股票市场风险巨大，P2P 平台发展股票配资业务无疑使其风险放大，一旦操盘手股票出现大幅亏损，违约现象便会接踵而至，投资者收益也难以得到保障，平台的系统性风险也会被人为放大。随着互联网金融行业各项意见的发布以及具体细则的后续落实，为避免触碰监管红线，不少P2P平台已悄然展开业务转型。而如何尽快转型，也成为摆在配资平台面前的巨大难题。

正是由于党中央、国务院对互联网金融行业的健康发展的重视，才会按照"鼓励创新、防范风险、趋利避害、健康发展"的总体要求，同有关部门制定《意见》，明确了支持发展、完善监管的政策措施。因此，资源聚合的速度会加快，行业的竞争也会更加激烈。而从下文即将提到的浙金网的实践来看，其在发展过程中的自律要求——四透明原则，即项目透明、资金透明、交易透明、信息透明，不仅仅满足《意见》的原则性要求，甚至还远远超前了。我们甚至可以预见，诸如此类的平台借着政策红利的蓬勃发展将会是大势所趋。

（5）P2G

P2G（Private to Government），即民间资本参与政府民生建设项目的互联网金融资产交易模式，服务于政府直接融资项目、政府承担担保责任的融资项目、国企（央企）应付账款项目、国有金融机构担保项目及其他政府信用介入的项目，致力于为投资者与融资方提供投资、融资、交易、理财等服务，为国有企业资产证券化提供基于互联网金融平台的创新服务，从而促进地方民生建设的发展。

地方政府融资主要渠道在于银行贷款、BT（建设—移交）、发行债券和信托融资，另外，证券、保险和其他金融机构融资、融资租赁等占了小部分比例。近几年，政府通过传统银行贷款渠道的融资比例逐渐降低，而对影子银行融资的依赖度加大。地方政府举债主体上，以往主要由融资平台公司、政府部门和机构、经费补助事业单位、国有独资或控股企业等作为举债主体。而2014年10月，国务院公布《关于加强地方政府性债务管理的意见》，明确提出要剥离融资平台公司政府融资职能。然而，全国地方政府对于融资平台依赖性极高，地方融资平台在地方政府债务举债主体中占据重要位置。因此，随着地方融资平台融资功能的进一步解除，加上经济转型升级阶段融资需求仍非常旺盛，地方政府融资存在较大的缺口，而地方政府这种迫切的融资需求正是P2G平台业务产生的重要原因之一。

从改革的方向来看，减少中间环节，提高资金融通效率，通过互联网平台让各级政府向民间资本进行直接融资，具有非常重要的意义。从经济发展的角度来看，中国面临巨大的经济下行压力，而把居民储蓄转化为直接投资，并通过互联网的高效撮合，让老百姓的民间资本绕开中介机构直接投入到政府基础建设中，让老百姓直接参与到家乡的造城、筑路、治水的建设中，这是拉升经济让金融为实体经济服务的重要举措。从普惠金融的角度来看，让老百姓能够通过P2G平台获得低风险的、可持续的财产性收入，也是避免财富因通货膨胀而贬值的策略之一。更为重要的是，政信资产的体量非常大，它会影响市场的融资成本，成为利率市场化的一个重要标杆。

目前政信P2P平台运营模式主要分为两类：一类是政府直融项目模式，由区县级以上政府授权国企直接融资，主要用于基础设施、市政交通、社会公益事业等建设。项目由本地人大常委会决议批准，将融资本息纳入本地财政预算，并有同级财政单位批准或保障还款来源。这类项目还款来源主要包括专项财政资金、本级财政资金、借款方经营性收入及土地出让收入等。另一类是国资担保项目，融资主体为政府或国企项目承建商或供应商，由国资企业为政府相关项目提供担保或债权回购。此类模式并无人大常委会等机构批复，且不纳入财政预算，其主要通过国资企业承诺担保或回购来增信。还款来源主要包括债权转让方、国资机构担保方或回购方等。

P2G的一个重要案例即浙金网。浙金网是国内领先的政信资产交易平台，浙金网平台作为民间资本参与政府项目的中间桥梁，资金投向侧重于服务地方民生建设、保障房建设、五水共治等。在平衡发展与风险控制方面，浙金网采取了"四个透明"原则。首先，是资金透明。浙金网作为资产交易撮合平台，不碰资金，不设资金池，所有交易过程的资金流转全部由银行与第三方支付机构"易宝支付"托管。其次，是项目透明，作为投资撮合平台，浙金网完整地披露了项目信息与资产风险状况，确保投资者能够客观地了解资产情况，可以详细了解项目情况、融资主体情况、担保人情况、资金用途、还款来源、风控措施等信息，从而让投资人享有充分的信息知情权，让投资人获得独立的判断。此外，浙金网还在产品交易说明书及相应的材料中向投资人完整揭示风险，做到了风险的透明揭示。再次是信息透明，浙金网采用了司法存证技术，为投资者提供安全资产凭证解决方案。当用户在浙金网发生交易行为时，从注册开始，用户在平台上的充值、购买、交易、转让等所有的信息记录都形成了完整的证据链条，所有的交易数据在产生的瞬间实时同步到安存科技的"无忧存证"平台，实现数据保全，同时不可篡改。其平台的数据基于金融级的阿里云独立保存，随时调阅，所保全数据必须满足证据的真实性、合法性、关联性要求，并且得到法院和权威公证处的认可。用户在浙金网发生交易行为之后，可以在浙金网后台查看电子数据保全证书。当出现交易纠纷的时候，投资者可以从无忧存证平台提取数据，并依法申请出具公证书，真正做到一站式公证保全。而全国各地的公证机关在收到申请的时候，能够出具数据公证书，这份公证书具有足够的司法效应，并成为法院认可的电子证据。最后，就是交易透明，浙金网采用与交易所同等级别的交易标准，为用户提供安全可靠的交易环境。此外，信息批露也完全参考交易所标准，做到批露无遗漏。平台上线至今，浙金网始终秉持"四个透明"原则，为投资人提供安全稳健的投资理财服务，为普通百姓投资当地民生建设搭建了有益的桥梁，也为国有企业资产证券化提供了基于互联网金融平台的创新服务，从而有力地促进了地方经济的建设，为普惠金融提供了一种新的范式。

（6）互联网金融媒体

互联网金融媒体也是互联网金融生态中非常重要的一种业态，主要包括两种类型：一种是传统财经媒体向互联网金融领域的延伸；另一种是专门定位互联网金融行业的垂直媒体，这种媒体特色鲜明，结合了行业资讯、深度报道、事件调查、媒体监督、数据研究、行业社交、产品评估、用户导流等功能，基于其第三方的新媒体优势正成长为互联网金融重要的入口。

对于互联网金融企业而言，新媒体时代为其实施品牌战略带来了新的机遇和挑战。首先，新媒体时代为金融企业提升良好的服务体验提供方法。说到底，品牌就是一种客户企业，金融企业作为特殊的服务业，与客户的接触是展示品牌形象最常见的表现形式。金融品牌很容易被模仿，而品牌不是短时间能够创建起来的，因此，通过全面整合客户的接触点，为客户提供独一无二的品牌服务体验，在其心中占据独特的品牌地位是企业塑造品牌的不二法门。其次，新媒体时代对金融品牌的战略提出了更高的要求。新媒体时代对金融企业而言是一把双刃剑，一方面企业可以与媒体建立有效的沟通，提升品牌形象；另一方面，企业的负面报告也因新媒体时代的特点而被迅速广泛地传播，其产生的负面影响力也更巨大。

零壹财经是传统财经媒体延伸发展的典型，零壹财经的核心创始人都出自第一财经。零壹财经是专注于互联网金融研究和服务的平台，其业务主要包括互联网金融研究、资产金融研究、互联网金融数据挖掘与分析、垂直媒体、咨询培训及其他延伸业务。

作为专业的互联网金融服务机构，零壹财经研究互联网金融的理论框架、商业模式、产品设计，出版专业研究著作和数据分析报告，为企业提供前沿的、可操作的业务咨询和培训，运营垂直媒体平台。同时，为互联网金融从业者和用户提供数据、资讯、投资参考等专业服务。

另一家值得关注的互联网金融媒体是鸣金网，鸣金网是一家专注于互联网金融、创新金融、未来金融的深度科技媒体。网站以创新金融领域的机构为主要研究目标，内容涵盖网贷、众筹、第三方支付、金融大数据、征信、互联网保险、互联网证券等。其聚合国内外与创新金融发展相关的政策、咨询、信息、新闻、观点、评论和学术报告，并通过多种技术手段建立互联网金融资讯数据库、行业数据库、产品数据库。通过对行业相关企业的发展状况进行深度的跟踪与采访报道，对金融创新产品进行详细的对比分析并评估风险，推动"互联网+"金融新技术的发展与应用，为互联网金融的创业者提供全方位的推广服务。

互联网金融媒体对推进互联网金融健康有序的发展、提升行业自律、加强投资者教育等方面都起到至关重要的作用。因此，互联网金融媒体也是各地政府主管机构、行业协会重点扶持的一个方向。

4."互联网＋"金融的新技术

"互联网＋"金融无疑是技术驱动的，本节将介绍有哪些新技术的发展影响着金融的创新与发展。

（1）大数据技术

大数据是"互联网＋"金融最核心的技术驱动力，其通过互联网将各种异构的数据连接起来，通过叠加、析离、挖掘、分析等大数据技术，能够在各种金融应用场景中发挥出重要的作用。从发展的趋势来看，大数据将给金融行业带来深远影响。从目前的情况来看，大数据技术的行业应用主要体现在三个方向：大数据防欺诈、大数据风险管理和大数据算法交易。

大数据防欺诈最早应用在信用卡防欺诈领域，通过对社交网络的分析可以揭示全部欺诈活动中的个体，从嫌疑犯到从犯，并了解他们的关系和行为。2012 年的一份报告显示，68%的拥有公开个人信息的人会分享他们的生日信息，63%的人会分享他们高中时期的姓名，18%的人会分享他们的电话号码，12%的人会分享他们宠物的名字。而对社交网络建立各种监测点，通过合法有效的检查条件，对实时的输入包括交易数据和客户记录进行监测，再将这些监测数据与交易数据进行模式识别，从而对个人交易过程进行评分和权重分析，类似这样的大量数据积累，就可以析离出一些可疑的交易过程。不仅仅是社交网络，包括公民信息、邮件数据、电商数据、通话记录、客户历史、360客户画像等各种维度的数据，都可以成为大数据防欺诈的数据源。在互联网金融领域，也有专门针对P2P平台的大数据防欺诈产品，P2P平台只需要在页面中加入一段JS代码，就可以与云端的黑白名单进行实时交易，从而对恶意贷款用户进行防范，同时也输出自己平台的用户行为，为P2P防欺诈模型输送数据。

大数据风险管理主要应用在金融产品的资产端与市场端中，专业的风险管理策略是规避风险，减少负面影响和降低风险概率。如银行业务，大数据将促进信贷转型并降低银行信用风险。地方债务的发行、地方投融资平台以及PPP模式、银行建立都基于地方政府的大数据平台，在政府信用的保证下，降低信贷风险。对于贷款需求额度小、无抵押品的小微企业，充分利用大数据的数据挖掘技术，获取企业纳税凭证、交易结算、信用记录等数据，在进一步分析的基础上推出适合企业的信贷产品。围绕着风险管理，政府和金融机构可以将网络舆情、监管信息与企业账务流水、财务报表数据进行关联分析，通过事件驱动，覆盖客户信用风险、账户风险、财务风险、关联风险、声誉风险、经营风险等风险事前预警。在单一客户预警的基础上，继续深度挖掘企业与关联企业、企业与关联个人、个人与关联个人之间的关系，使认定的风险预警信号得以传导给与客户相关联的其他客户，从而更为高效地发现风险。

大数据算法交易，众所周知，投资银行现在普遍使用算法来进行高频交易，这是一种通过自动化决策，将分析预测转变为实际行动的高度专业的一种行为。算法交易依赖于高等数学来迅速地决定买入或者卖出证券类产品，利用大数据计算分析、程序化算法为大众投资者提供最优的投资理财产品。通过量化投资技术，覆盖投资的全过程，其交易对象、择时、算法交易、资产配置、风险控制等均可以通过模型完成，从而为客户推荐一个算法上最靠谱的、最赚钱的投资组合。算法交易不仅仅局限于专业的证券机构市场，随着多维度数据的获取成本越来越低，现在越来越多的互联网金融平台也开始引入算法交易模型。

（2）移动支付技术

支付端是移动商务的基础，更是互联网金融的命脉。移动支付是移动通信技术与金融业相结合的产物，也是互联网金融得以快速发展的最为重要的一次应用场景升级。移动支付被看作移动端最大的入口之一，相比于台式电脑，手机的便携性、高使用频率等特性使其连接线上线下的优势更加明显。随着应用场景的增加，移动支付将介入到人们生活的方方面面，这意味着，锁定了支付，就在很大程度上锁定了用户。

移动支付涉及的技术创新有很多，主流的包括短信支付、语音支付、超声波支付、二维码支付、近场通信技术、指纹支付、刷脸支付等。但移动支付能否在广大用户中普及开来，最终的决定权依旧在用户手中。不管技术如何发展，用户还是会选择简单易用、安全方便的支付方式。所以在现阶段，移动支付技术的推广更多的是整合到现有的互联网入口当中，比如Android Pay和Apple Pay便是基于移动操作系统发展而来。其中Android Pay在全球拥有70万商家的支持，而Apple Pay在全球拥有2 500家银行和70万家网店的支持，这两个系统都是以近场通信技术来实现移动支付。由此可见，在谷歌和苹果两大巨头的推动下，该技术在未来会取得爆发性的增长。

在移动支付战略意义方面，国内巨头阿里与腾讯等企业自然也不甘落后，蚂蚁金服的Smile to Pay扫脸技术已经可以实现人脸识别的远程支付。2014年，支付宝推出一种全新的支付方式空付（KungFu），在支付宝的描述中这样介绍："扫描用作支付的实物，并设置支付上限，因此即使你空着手也可以到处支付了。"在未来，"刷脸"支付等新型支付方式将迅速普及，人类可以让任何的实体实物赋予它在互联网世界中的身份和价值。而腾讯通过旗下的微信红包在2014年底迅速占据了社交支付的头把交椅，微信红包的使用频率开始领先于支付宝，而阿里与腾讯在移动支付端的PK一定会更加精彩纷呈。

同时，蓬勃发展的移动支付技术也对银行业构成了越来越多的挑战，银行的存贷汇业务与用户实际使用的场景越来越远，银行如果不转型就很有可能沦为单纯的货币结算服务单位，而技术对金融的颠覆性作用，可以在移动支付战场上体现得淋漓尽致。在这种压力下，银行联合运营商再与新技术结合，也会成为支付领域的重要力量。

（3）区块链技术

区块链（Blockchain）是比特币的一个重要概念，区块链是一串使用密码学方法相关联产生的数据块，每一个数据块中包含了一次比特币网络交易的信息，用于验证其信息的有效性（防伪），生成下一个区块。为什么单独提区块链技术而不提比特币技术呢？比特币是一个完全脱离现行金融体系的独立框架，它创造了一种全新的货币发行机制，从目前的发展现状来看，比特币是一次非常伟大的民主货币的试验，但也仅仅只是一次试验，它离实际可运行的金融体系还有非常大的距离。但是脱离货币的属性，比特币的推广让人们发现了一种更加伟大的技术：区块链。开放、透明、可验证并且不可篡改，区块链的这种技术特征将大大提升人类社会的运行效率，针对区块链的创新，现在已经冲出比特币领域，开始向其他领域延伸与拓展，建立分布式信用的真正价值和意义，也越来越被社会主流关注。

互联网金融本身就是金融去中心化的一种进化，区块链技术将是最为激进的一种进化。区块链技术提供了这样一种解决方案，一种完全基于互联网的契约体系，把区块链和物联网结合起来，任何资产都可以进行有效的登记，并进入到金融信用领域。人类历史上任何一次信用的扩张都意味着加快价值的流通，进而创造出全新的价值。区块链技术可以跨民族、跨国家，用最低的成本建立信任的连接，并有可能成为一种类似于网络通信协议的运行在底层的互联网金融协议，然后在这个协议的基础上，发展出各种新型的金融生态系统。如果这种设想成为现实，那么整个世界的政治与经济格局都会发生新一轮的解体与重构，这也将是每一个互联网金融创业者梦寐以求的机会。

（4）司法存证技术

金融的效率取决于信任的成本，司法存证技术就是保障互联网金融健康发展的一个重要的基础设施。随着互联网的发展，我们来往的合同、文件、资料以及所有纸上信息都将在电脑或者网络中，以电子数据的形式存在。如何保证电子数据的合法性、真实性、有效性是互联网发展的重要因素，也是互联网金融得以发展的关键技术。

互联网崇尚创新，但金融的本质却是防范风险，因此互联网金融自身价值就存在着极大的逻辑矛盾，这种矛盾将始终制约行业的发展。非常多的互联网金融理财产品良莠不齐，缺乏理财经验的人群因其信息来源不可靠，往往成为不良商家的盘中餐。标物信息不真实、承诺不兑现、合同违约、平台自融自保、倒闭跑路……对老百姓来说，互联网金融的安全性着实让人心惊胆战。融资方钱到人走、交易资金来源不明确、平台交易数据安全、信息不畅导致兑付高峰……虽然互联网金融的本质还是金融，但是与传统金融行业相比，它架构在互联网这样一个开放且全新的环境中，有着极大的信用风险、欺诈风险和技术风险。比如借款人信用信息造假、账户盗用、系统被黑客入侵等。信息被篡改被盗用，将给平台和投资者双方都带来毁灭性的打击。那么如何解决这些问题呢？司法存证技术就为这些问题提供了一种解决方案。

由于互联网金融的无地域性，大部分互联网金融企业在撮合双方投资交易时，都无法提供有效的交易凭证，或交易凭证是易被篡改的电子数据。针对这些问题，通过一种开放的互联网服务，对接入的互联网金融企业进行资质审查，作为一个独立客观的第三方，对通过其审查的互联网金融企业提供证据保全服务。金融平台在接入以后，即可在签订借贷合同的同时利用开放平台的接口对交易数据进行证据保全，并可随时通过后台申请办理公证，投融资双方可即时拥有具有司法效力的投资凭证，从而在根本上解决因数据丢失，投资人、平台方、融资方恶意违约而造成纠纷的可能。这一方面能够维护投资者的利益，另一方面对提升互联网金融平台本身的公信力，让平台能够自证清白发挥了至关重要的作用。

国内最大的司法存证技术服务商安存科技在 2014 年联合 P2G 平台浙金网，提出了全球首个一站式互联网金融公证保全解决方案——无忧存证系统，得到了互联网金融行业的高度关注。

无忧存证的流程很简单：它为互联网金融平台的整个交易过程做保全，保全的内容包括用户身份信息、标的信息、投标信息、电子协议信息、资金兑付信息等。换句话说，以前你只知道自己投了钱，但是现在有个中立的第三人，帮你一起见证整个过程的每个环节，包括你投了多少钱，签的协议是什么内容，支付凭证上写了什么等等。交易完成的那一刻，你就可以收到一份"电子交易数据保全证书"。

但无忧存证背后应用的相关技术却不简单：它有多级安全举措和加密措施，来确保保全的数据是私密的、安全的。它无缝对接了全国 28 个省（市、区）的公证处，并全程介入，来为你证明这些数据是原始的、真实的、未经篡改的。不管你在何处，通过无忧存证你都能实时了解到每笔投融资过程，不管任何时候，你都可以还原事实真相，不再担心口说无凭。无忧存证，保障的是投资者的权益，也是平台方的权益，它让投资者投得放心，让平台方因为第三方的介入而变得更具公信力。

司法存证技术的应用，实际上打开了"互联网+"司法的窗口，它的发展，不仅仅能推动互联网金融的发展，同时对"互联网+"的各行各业都会产生深远的影响。

5."互联网＋"金融的社会意义

经过 2013 年的普及，"互联网＋"金融借助金融改革红利的释放，至今已经形成了众多细分互联网金融行业，从第三方支付、移动支付到在线理财，再到电商小贷、P2P、股权、实物众筹以及专注于某一细分金融环节的数据征信、金融服务平台、担保等。互联网金融的细化耕作已经给国内金融业的经营模式带来极大的挑战和触动。不可否认，互联网金融正在逐步改变我们的生活，我们打车付款使用支付宝或者财付通，我们用微信发红包，我们把钱存在余额宝，我们可以更快捷地借到钱，互联网金融让我们享受到了更好的金融服务，但互联网金融的意义不仅限于此。

（1）进入人人金融时代，真正实现普惠金融

透明、平等、公平、民主、惠普、协作、分享是互联网精神的关键词，同时也带来了互联网金融的思维革命。互联网金融时代，金融不再是传统金融机构的专利。它让更多人和企业参与到金融活动中来，主要体现在以下三个方面。

第一，传统金融机构以线下服务为主，服务半径过窄，产品受众小，忽略长尾人群，普通老百姓享受不到好的传统金融服务。而互联网金融让众多投资者可以极低的成本参与金融投资，P2P、余额宝、挖财等理财产品的出现给予了那些没有足

够经济能力与理财经验的年轻人低成本参与金融交易的可能，同时也让人人都可理财成为可能。互联网的发展使借款人和贷款人能够快速地对接，拉平信息的门槛，让拥有高信用值的人能享受到更好更快的金融服务。

第二，民间资本的发展空间大大拓展，引导民间金融走向规范化。鉴于发展的需要，普惠金融的提出打破了金融权贵的垄断，国家开始鼓励民间自下而上、破顶而出，倒逼改革的力量。我国民间借贷资本数额庞大，长期以来缺乏高效、合理的投资方式和渠道，缺乏正规专业的金融监管体系，在客观上不够透明化、规范化。而互联网技术将这种交易从线下转移到线上，通过平台和大数据实现规模效应，在拓展交易边界的同时也有效控制了风险，有利于引导民间资本投资于国家鼓励的领域和项目，遏制高利贷的发生，盘活民间资金存量，使民间资本更好地服务实体经济。将储蓄转化为理财，民间资本转化为投资，是分享金融改革红利最大的一块蛋糕。

第三，小微企业获得了更多差异化金融服务的机会，解决了上千万小微企业融资难问题。在传统的金融模式中，只有具有一定资金规模和资格的机构和企业才能获得贷款、融资和风险投资。而互联网金融拥有小额分散、快捷便利、大数据应用和在线交易等特征，具有普惠金融的特点和促进包容性增长的功能，可以分散风险，降低征信成本和运营成本，将社会闲置资金引向资金需求最为迫切的小微企业和个人融资需求，在小微金融领域具有突出的优势，极大地弥补了传统金融机构服务范围和效率短板，提升了社会资金的使用效率，倒逼传统金融体制改革，缓释金融压抑窘态。P2P业务为个人进行贷款和借款开辟了渠道，而众筹模式的出现让人人都可创业成为可能，真正实现普惠金融。

（2）降低成本，提升资金配置效率和金融服务质量

互联网金融是规范民间金融的重要手段。长期以来，民间金融处于地下状态，高利贷、地下钱庄、项目集资等方式存在信息不对称、交易不透明、过程不阳光等弊端，导致非法集资、民间纠纷不断。互联网金融利用电子商务、第三方支付、社交网络形成的庞大数据库和数据挖掘技术，可以减少信息的不对称，真正降低成本，提高信息透明度和运营透明度。另外，众筹、网贷等社区化、公开平台化交易，有利于金融监管，从而规范民间金融，形成阳光交易，降低社会管理成本，也改变了创业者和消费者互动和协作的方式。

另外，互联网金融企业不需要设立众多分支机构、雇用大量人员，大幅降低了经营成本。互联网金融提供了有别于传统银行和证券市场的新融资渠道，以及全天候、全方位、一站式的金融服务，提升了资金配置效率和服务质量。

(3)推动金融创新，倒逼传统金融改革

在中国，金融和互联网的融合经历了三个阶段。第一个阶段是以传统金融机构为首的 20 世纪 90 年代金融互联网的兴起；第二个阶段是 2000 年以后阿里巴巴等电商开始进入金融领域，开拓第三方支付、第三方财富管理平台等渠道；现在是 P2P、众筹、第三方支付、金融社区、数据金融等众多金融创新融合的第三个阶段。互联网带来了理念、技术和模式的种种创新。理念带来观念上的改变，技术是互联网金融的底层构造，新的时代要有新的发展模式，P2P、众筹等都是创新的模式，而互联网金融的创新还将继续。

互联网金融促进金融体制的改革。首先，与传统金融业务相比，互联网金融的最大区别是对互联网电子信息技术的高度依赖。换句话说，互联网金融运行的前提条件是互联网系统的存在。互联网系统的瘫痪和非正常运行会给互联网金融带来毁灭性的打击，因此保持互联网系统的安全性和稳定性是互联网时代金融监管的重要内容。这一变化意味着金融监管的范围将会出现调整，扩展到对互联网系统和互联网生态环境的监管。

其次，传统的金融业主要以企业为服务对象，而互联网金融主要以消费者为服务对象。因此随着互联网金融的发展，保护消费者权益将成为金融监管的主要内容。对于消费者而言，便捷和安全是基本需要，但是，便捷性和安全性之间存在着此

消彼长的关系，便捷性的增强会削弱安全性，而安全性的上升会导致便捷性降低。如何协调和平衡二者之间的关系将成为金融监管部门的重要课题。

互联网金融加快利率市场化改革步伐，加快建立统一、公开、透明的金融市场。我国利率管制的主要目的是通过利率管制让商业银行以较低的利率吸纳存款，并向大型国有企业提供廉价的资金。然而，互联网理财的突然爆发，使得利率市场化时代提前到来。第三方支付平台吸纳了大量银行存款，对银行的中间业务如支付结算、交易等形成直接挤压，对银行的贷款也带来了不少的冲击。商业银行正面临着互联网金融带来的客户流失和成本提升的双重挑战，直接迫使银行业进行自身的改革调整，不少商业银行也开始推出活期理财产品，放弃活期存款利率带来的巨大利差，事实上开启了存款利率市场化的步伐。同时，在现实的资金成本压力下，银行的放贷模式也将发生重大转变，放贷行为将会更加市场化。为了阻止存款的外流，商业银行有必要提高利率，这一状况将最终促使金融监管当局放松存款利率管制。

互联网金融也有助于促进金融产品创新，满足客户的多样化需求。互联网金融的快速发展和理念创新，不断推动传统金融机构改变业务模式和服务方式，也密切了与传统金融之间的合作，传统金融企业努力向互联网金融靠拢。互联网金融企业借助大数据、云计算等信息技术优势，从商品流掌控到企业的资金流、信息流,再延伸至支付、融资等核心业务领域,逐步打破传统的金融行业界限和竞争格局,对传统金融企业的经营模式带来了全面冲击。同时,能够动态了解客户的多样化需求,计量客户的资信状况,有助于改善传统金融的信息不对称问题,提升风险控制能力,推出个性化金融产品。

(4)促进金融大众化,加快金融和生活场景的融合

随着网络普及尤其是网络购物的兴起,互联网金融消费习惯逐渐形成。同时互联网金融迎合了越来越多网民的巨大投资理财需求。随着智能终端的普及和移动互联网技术的成熟,用户的在线时间又得到了跨越式的发展,各种类型的消费业态都开始从网下转移至网上。互联网培养和造就了一代新人类,他们习惯于网上购物、网上游戏、移动支付各种费用,这些网民同时存在投资理财需求,他们不喜欢传统金融机构所提供的低收益高门槛的投资理财产品和烦琐的购赎程序,这就为P2P类网贷平台提供了生存的理由和发展的机会。同时,以微信为代表的移动社区平台,拉近了人与人之间的时空距离,成为众筹等模式的天然载体,过去高门槛的股权投资行为,变得常人可及。

网络金融服务更全面、直接、广泛,从而提高了工作效率。由于网络金融的发展,客户对原有的传统金融分支机构的依赖性越来越小,取而代之的则是网络交易。网络交易无须面对面进行,这样在客户服务方面,金融机构所需的不再是原有

的柜台人员，而是一套套功能完善、使用方便快捷的软硬件设施，如 Web 站点、POS 机、ATM 机、网上银行以及客户终端等。这样可以从客户的角度出发，满足他们随时随地的需求，标准化和规范化的服务，不仅提高了银行的服务质量，还提升了客户的金融交易需求。

网络金融服务打破了传统金融业的地域限制，能够在全球范围内提供金融服务，在全球化的背景下，高科技软件的应用可以突破语言的限制，这就为网上银行拓展跨国业务提供了条件，使得其服务所能接触的客户群更大，打破传统金融业分支机构的地域限制，在更大范围内实现规模经济。信息技术的充分投资，能够以相当低的成本、大批量地迅速处理金融业务，从而降低运营成本，实现更大范围的规模经济。

（5）推动经济发展，实现中国梦

新常态下的经济发展，需要金融更高效地为中国经济发展，为大众创业、万众创新服务。实际上，每一轮经济扩张背后都有金融的支撑，而金融梦连着中国梦，中国金融改革的工程必将深入经济的每一个角落，影响每一个中国人的社会生活。

互联网金融有利于形成新的经济增长点，稳定经济增长速度。"互联网＋"行动计划是撬动经济增长、发掘新经济增长点的重要"催化剂"，将极大地释放信息数据转化成巨大生产力的潜力，成为社会财富增长的新源泉和经济增长的新动力。以蓬勃发展的电子商务为例，近年来电子商务年均增速超过20%，2014年"双十一"购物节，仅天猫网站的成交额就达到了571亿元，创造了世界网上零售交易新纪录。电子商务对支付方便、快捷、安全性的要求，推动了互联网支付特别是移动支付的发展；电子商务所需的创业融资、周转融资需求和客户的消费融资需求，也促进了网络小贷、众筹融资、P2P等互联网金融业态的发展。电子商务的发展催生出了金融服务方式的变革，与此同时，互联网金融也推动了电子商务的发展。

互联网金融对扶持中小企业的发展及促进经济繁荣将发挥重要的作用。中小企业是国民经济以及社会发展的重要组成力量。中小企业的健康发展是国民经济稳步发展的重要基础。所以中小企业的发展问题一直是中国政府密切关注的重点。中小企业融资难的问题已经成为制约其发展的重要障碍，而互联网金融抓住了中小企业融资问题的关键点，为中小企业提供更多差异化金融服务，无疑能够给中小企业的发展带来希望和曙光。互联网将让金融变得更有效率，更好地为经济服务。

互联网金融的发展是一把"双刃剑"，在享受其带来的利益的同时需要谨防随之而来的风险。唯有支持服务实体经济，加上政府的监管和互联网金融企业的自律，才能保证互联网金融健康阳光地发展。

6.《关于促进互联网金融健康发展的指导意见》全文解读

近年来，互联网技术、信息通信技术不断取得突破，推动互联网与金融快速融合，促进了金融创新，提高了金融资源配置效率，但也存在一些问题和风险隐患。为全面贯彻落实党的十八大和十八届二中、三中、四中全会精神，按照党中央、国务院决策部署，遵循"鼓励创新、防范风险、趋利避害、健康发展"的总体要求，从金融业健康发展全局出发，进一步推进金融改革创新和对外开放，促进互联网金融健康发展，经党中央、国务院同意，现提出以下意见。

（1）鼓励创新，支持互联网金融稳步发展

互联网金融是传统金融机构与互联网企业（以下统称从业机构）利用互联网技术和信息通信技术实现资金融通、支付、投资和信息中介服务的新型金融业务模式。互联网与金融深度融合是大势所趋，将对金融产品、业务、组织和服务等方面产生更加深刻的影响。互联网金融对促进小微企业发展和扩大就业发挥了现有金融机构难以替代的积极作用，为大众创业、万众创新打开了大门。促进互联网金融健康发展，有利于提升金融服务质量和效率，深化金融改革，促进金融创新发展，扩大金融业对内对外开放，构建多层次金融体系。作为新生事物，互联网金融既需要市场驱动，鼓励创新，也需要政策助力，促

进发展。

第一，积极鼓励互联网金融平台、产品和服务创新，激发市场活力。鼓励银行、证券、保险、基金、信托和消费金融等金融机构依托互联网技术，实现传统金融业务与服务转型升级，积极开发基于互联网技术的新产品和新服务。支持有条件的金融机构建设创新型互联网平台开展网络银行、网络证券、网络保险、网络基金销售和网络消费金融等业务。支持互联网企业依法合规设立互联网支付机构、网络借贷平台、股权众筹融资平台、网络金融产品销售平台，建立服务实体经济的多层次金融服务体系，更好地满足中小微企业和个人投融资需求，进一步拓展普惠金融的广度和深度。鼓励电子商务企业在符合金融法律法规规定的条件下自建和完善线上金融服务体系，有效拓展电商供应链业务。鼓励从业机构积极开展产品、服务、技术和管理创新，提升从业机构核心竞争力。

第二，鼓励从业机构相互合作，实现优势互补。支持各类金融机构与互联网企业开展合作，建立良好的互联网金融生态环境和产业链。鼓励银行业金融机构开展业务创新，为第三方支付机构和网络贷款平台等提供资金存管、支付清算等配套服务。支持小微金融服务机构与互联网企业开展业务合作，实现商业模式创新。支持证券、基金、信托、消费金融、期货机构与互联网企业开展合作，拓宽金融产品销售渠道，创新财富管理模式。鼓励保险公司与互联网企业合作，提升互联网金融企业风险抵御能力。

第三，拓宽从业机构融资渠道，改善融资环境。支持社会资本发起设立互联网金融产业投资基金，推动从业机构与创业投资机构、产业投资基金深度合作。鼓励符合条件的优质从业机构在主板、创业板等境内资本市场上市融资。鼓励银行业金融机构按照支持小微企业发展的各项金融政策，对处于初创期的从业机构予以支持。针对互联网企业特点，创新金融产品和服务。

第四，坚持简政放权，提供优质服务。各金融监管部门要积极支持金融机构开展互联网金融业务。按照法律法规规定，对符合条件的互联网企业开展相关金融业务实施高效管理。工商行政管理部门要支持互联网企业依法办理工商注册登记。电信主管部门、国家互联网信息管理部门要积极支持互联网金融业务，电信主管部门对互联网金融业务涉及的电信业务进行监管，国家互联网信息管理部门负责对金融信息服务、互联网信息内容等业务进行监管。积极开展互联网金融领域立法研究，适时出台相关管理规章，营造有利于互联网金融发展的良好制度环境。加大对从业机构专利、商标等知识产权的保护力度。鼓励省级人民政府加大对互联网金融的政策支持。支持设立专业化互联网金融研究机构，鼓励建设互联网金融信息交流平台，积极开展互联网金融研究。

第五，落实和完善有关财税政策。按照税收公平原则，对于业务规模较小、处于初创期的从业机构，符合我国现行对中小企业特别是小微企业税收政策条件的，可按规定享受税收优惠政策。结合金融业营业税改征增值税改革，统筹完善互联网金融税收政策。落实从业机构新技术、新产品研发费用税前加计扣除政策。

第六，推动信用基础设施建设，培育互联网金融配套服务体系。支持大数据存储、网络与信息安全维护等技术领域基础设施建设。鼓励从业机构依法建立信用信息共享平台。推动符合条件的相关从业机构接入金融信用信息基础数据库。允许有条件的从业机构依法申请征信业务许可。支持具备资质的信用中介组织开展互联网企业信用评级，增强市场信息透明度。鼓励会计、审计、法律、咨询等中介服务机构为互联网企业提供相关专业服务。

（2）分类指导，明确互联网金融监管责任

互联网金融本质仍属于金融，没有改变金融风险隐蔽性、传染性、广泛性和突发性的特点。加强互联网金融监管，是促进互联网金融健康发展的内在要求。同时，互联网金融是新生事物和新兴业态，要制定适度宽松的监管政策，为互联网金融创新留有余地和空间。通过鼓励创新和加强监管相互支撑，促进互联网金融健康发展，更好地服务实体经济。互联网金融监管应遵循"依法监管、适度监管、分类监管、协同监管、创新

监管"的原则，科学合理界定各业态的业务边界及准入条件，落实监管责任，明确风险底线，保护合法经营，坚决打击违法和违规行为。

第七，互联网支付。互联网支付是指通过计算机、手机等设备，依托互联网发起支付指令、转移货币资金的服务。互联网支付应始终坚持服务电子商务发展和为社会提供小额、快捷、便民小微支付服务的宗旨。银行业金融机构和第三方支付机构从事互联网支付，应遵守现行法律法规和监管规定。第三方支付机构与其他机构开展合作的，应清晰界定各方的权利义务关系，建立有效的风险隔离机制和客户权益保障机制。要向客户充分披露服务信息，清晰地提示业务风险，不得夸大支付服务中介的性质和职能。互联网支付业务由人民银行负责监管。

第八，网络借贷。网络借贷包括P2P网络借贷和网络小额贷款。个体网络借贷是指个体和个体之间通过互联网平台实现的直接借贷。在个体网络借贷平台上发生的直接借贷行为属于民间借贷范畴，受合同法、民法通则等法律法规以及最高人民法院相关司法解释规范。个体网络借贷要坚持平台功能，为投资方和融资方提供信息交互、撮合、资信评估等中介服务。个体网络借贷机构要明确信息中介性质，主要为借贷双方的直接借贷提供信息服务，不得提供增信服务，不得非法集资。网络小额贷款是指互联网企业通过其控制的小额贷款公司，利用互联网向客户提供的小额贷款。网络小额贷款应遵守现有小额贷款公司监管规定，发挥网络贷款优势，努力降低客户融资成本。网络借贷业务由银监会负责监管。

第九，股权众筹融资。股权众筹融资主要是指通过互联网形式进行公开小额股权融资的活动。股权众筹融资必须通过股权众筹融资中介机构平台（互联网网站或其他类似的电子媒介）进行。股权众筹融资中介机构可以在符合法律法规规定前提下，对业务模式进行创新探索，发挥股权众筹融资作为多层次资本市场有机组成部分的作用，更好服务创新创业企业。股权众筹融资方应为小微企业，应通过股权众筹融资中介机构向投资人如实披露企业的商业模式、经营管理、财务、资金使用等关键信息，不得误导或欺诈投资者。投资者应当充分了解股权众筹融资活动风险，具备相应风险承受能力，进行小额投资。股权众筹融资业务由证监会负责监管。

第十，互联网基金销售。基金销售机构与其他机构通过互联网合作销售基金等理财产品的，要切实履行风险披露义务，不得通过违规承诺收益方式吸引客户；基金管理人应当采取有效措施防范资产配置中的期限错配和流动性风险；基金销售机构及其合作机构通过其他活动为投资人提供收益的，应当对收益构成、先决条件、适用情形等进行全面、真实、准确表述和列示，不得与基金产品收益混同。第三方支付机构在开展基金互联网销售支付服务过程中，应当遵守人民银行、证监会关于客户备付金及基金销售结算资金的相关监管要求。第三方支付机构的客户备付金只能用于办理客户委托的支付业务，不得用于垫付基金和其他理财产品的资金赎回。互联网基金销售业务由证监会负责监管。

第十一，互联网保险。保险公司开展互联网保险业务，应遵循安全性、保密性和稳定性原则，加强风险管理，完善内控系统，确保交易安全、信息安全和资金安全。专业互联网保险公司应当坚持服务互联网经济活动的基本定位，提供有针对性的保险服务。保险公司应建立对所属电子商务公司等非保险类子公司的管理制度，建立必要的防火墙。保险公司通过互联网销售保险产品，不得进行不实陈述、片面或夸大宣传过往业绩、违规承诺收益或者承担损失等误导性描述。互联网保险业务由保监会负责监管。

第十二，互联网信托和互联网消费金融。信托公司、消费金融公司通过互联网开展业务的，要严格遵循监管规定，加强风险管理，确保交易合法合规，并保守客户信息。信托公司通过互联网进行产品销售及开展其他信托业务的，要遵守合格投资者等监管规定，审慎甄别客户身份和评估客户风险承受能力，不能将产品销售给与风险承受能力不相匹配的客户。信托公司与消费金融公司要制定完善产品文件签署制度，保证交易过程合法合规，安全规范。互联网信托业务、互联网消费金融业务由银监会负责监管。

（3）健全制度，规范互联网金融市场秩序

发展互联网金融要以市场为导向，遵循服务实体经济、服从宏观调控和维护金融稳定的总体目标，切实保障消费者合法权益，维护公平竞争的市场秩序。要细化管理制度，为互联网金融健康发展营造良好环境。

第十三，互联网行业管理。任何组织和个人开设网站从事互联网金融业务的，除应按规定履行相关金融监管程序外，还应依法向电信主管部门履行网站备案手续，否则不得开展互联网金融业务。工业和信息化部负责对互联网金融业务涉及的电信业务进行监管，国家互联网信息办公室负责对金融信息服务、互联网信息内容等业务进行监管，两部门按职责制定相关监管细则。

第十四，客户资金第三方存管制度。除另有规定外，从业机构应当选择符合条件的银行业金融机构作为资金存管机构，对客户资金进行管理和监督，实现客户资金与从业机构自身资金分账管理。客户资金存管账户应接受独立审计并向客户公开审计结果。人民银行会同金融监管部门按照职责分工实施监管，并制定相关监管细则。

第十五，信息披露、风险提示和合格投资者制度。从业机构应当对客户进行充分的信息披露，及时向投资者公布其经营活动和财务状况的相关信息，以便投资者充分了解从业机构运

作状况，促使从业机构稳健经营和控制风险。从业机构应当向各参与方详细说明交易模式、参与方的权利和义务，并进行充分的风险提示。要研究建立互联网金融的合格投资者制度，提升投资者保护水平。有关部门按照职责分工负责监管。

第十六，消费者权益保护。研究制定互联网金融消费者教育规划，及时发布维权提示。加强互联网金融产品合同内容、免责条款规定等与消费者利益相关的信息披露工作，依法监督处理经营者利用合同格式条款侵害消费者合法权益的违法、违规行为。构建在线争议解决、现场接待受理、监管部门受理投诉、第三方调解以及仲裁、诉讼等多元化纠纷解决机制。细化完善互联网金融个人信息保护的原则、标准和操作流程。严禁网络销售金融产品过程中的不实宣传、强制捆绑销售。人民银行、银监会、证监会、保监会会同有关行政执法部门，根据职责分工依法开展互联网金融领域消费者和投资者权益保护工作。

第十七，网络与信息安全。从业机构应当切实提升技术安全水平，妥善保管客户资料和交易信息，不得非法买卖、泄露客户个人信息。人民银行、银监会、证监会、保监会、工业和信息化部、公安部、国家互联网信息办公室分别负责对相关从业机构的网络与信息安全保障进行监管，并制定相关监管细则和技术安全标准。

第十八，反洗钱和防范金融犯罪。从业机构应当采取有效措施识别客户身份，主动监测并报告可疑交易，妥善保存客户资料和交易记录。从业机构有义务按照有关规定，建立健全有关协助查询、冻结的规章制度，协助公安机关和司法机关依法、及时查询、冻结涉案财产，配合公安机关和司法机关做好取证和执行工作。坚决打击涉及非法集资等互联网金融犯罪，防范金融风险，维护金融秩序。金融机构在和互联网企业开展合作、代理时应根据有关法律和规定签订包括反洗钱和防范金融犯罪要求的合作、代理协议，并确保不因合作、代理关系而降低反洗钱和金融犯罪执行标准。人民银行牵头负责对从业机构履行反洗钱义务进行监管，并制定相关监管细则。打击互联网金融犯罪工作由公安部牵头负责。

第十九，加强互联网金融行业自律。充分发挥行业自律机制在规范从业机构市场行为和保护行业合法权益等方面的积极作用。人民银行会同有关部门，组建中国互联网金融协会。协会要按业务类型，制订经营管理规则和行业标准，推动机构之间的业务交流和信息共享。协会要明确自律惩戒机制，提高行业规则和标准的约束力。强化守法、诚信、自律意识，树立从业机构服务经济社会发展的正面形象，营造诚信规范发展的良好氛围。

第二十，监管协调与数据统计监测。各监管部门要相互协作、形成合力，充分发挥金融监管协调部际联席会议制度的作用。人民银行、银监会、证监会、保监会应当密切关注互联网金融业务发展及相关风险，对监管政策进行跟踪评估，适时提出调整建议，不断总结监管经验。财政部负责互联网金融从业机构财务监管政策。人民银行会同有关部门，负责建立和完善互联网金融数据统计监测体系，相关部门按照监管职责分工负责相关互联网金融数据统计和监测工作，并实现统计数据和信息共享。

专家点评：

该指导意见出台意味着互联网金融终于"登堂入室"，成为整个金融体系的一部分，进入依法管理、依法监管的法治阶段。意见鼓励传统金融机构更快地实现金融业务与服务转型升级，积极开发基于互联网技术的新产品和新服务。这意味着，接下去，传统金融拥抱互联网的速度会越来越快。之前，传统金融受制于监管原则，大量创新没法展开，而互联网金融开始时处于零监管状态，可以进行大胆创新。但是未来，传统金融与互联网金融将站在同一起跑线上。

互联网金融快速发展中出现的问题，是可以逐步通过自律、创新、监管等办法来解决的。未来，解决金融带来的一些问题，还需要依托于互联网创新；使用互联网技术与手段，将可以更好地进行金融监管。

互联网金融千人会联合创始人　汤浔芳

指导意见的出台更多的是面向全国，对互联网金融行业是一个系统的文本化整理，也是对行业的"正名"，它的核心价值观是鼓励行业发展的，体现出监管层对整个互联网金融行业的认可和信心。指导意见在当前互联网金融行业野蛮快速增长、缺乏政策指导的时期出台，非常及时。另外，监管层对互联网理财的服务形式还处在观察期，对我们来说获得了一个更宽松的环境，可以做更多理财服务上的创新。

挖财联合创始人　全云峰

第一，资源聚合速度加快，行业竞争更加激烈。指导意见的发布，会让很多原本担忧政策风险的资本大鳄加入，新一轮并购大潮即将上演。第二，意见在鼓励发展与适度监管、创新监管之间，拿捏非常到位。既明确了原则与边界，又留出了足够空间，对创业者而言，只要有空间，就是最大的利好。第三，门槛大幅度提高，草根金融会受到一定限制。第四，指导意见安抚了传统金融力量，给了他们明确的改革方向，这种平衡或者说妥协，别有意味。代表普惠金融、草根金融的创新力量，与坐享体制红利、代表权贵金融的传统力量之间必定会有非常残酷的竞争。权贵金融势力强大，创新金融任重而道远。总之，不论政策如何落地，创业者是否得到政策扶持，只要你的金融创新方向是在解决实际问题，是在真正为实体经济发展服务，坚持这个原则，守法合规的互联网金融创业，一定会大放光彩！

浙金网首席执行官　高航

互联网金融行业得到了众多主管部门文件的正式认可与支持，行业将进入良币驱逐劣币的良性发展阶段。互联网金融草根时代将走向终结。平台运营及监管成本将迅速上升，常规运营模式下的草根公司将难以生存，而围绕互联网金融的服务业将成为草根创业的新方向。此外，指导意见提及的信用体系建设的条款将为国内征信行业的发展带来春天，包括个人征信、企业征信在内的征信行业将真正迎来迅猛发展。

鸣金网首席执行官　练晓波

第一，指导意见整体以鼓励为基调，内容覆盖全面，对行业是大利好。第二，强调了市场的作用，明确了监管的定位：坚持简政放权，提供优质服务。第三，强调了行业生态的意义，充分认识到了行业的庞大与复杂，需要各类机构以市场化的形式进行协作。第四，对于行业生态体系中重要的征信环节，提出了以多方参与协作的方式来解决。第五，指导意见再次强调信息中介的性质，为所有从业者再次划清了监管底线。最后，指导意见中将"网贷"用个体网络借贷来界定略失偏颇，peer to peer 并不一定指个体，而是强调借贷两端直接对接的关系。

网贷之家首席执行官　石鹏峰

互联网金融平台最大的瓶颈就是资金。指导意见不允许设资金池，企业要发展靠自有资金很难满足，对接资本市场必将成为现实选择。互联网金融企业是用未来和前景换取资本，获得规模发展，用发展后的成果来回报资本市场的投资者。指导意见批准互联网金融企业在资本市场上市融资，表明行业的春天已经来临，作为企业来讲，现在最紧迫的任务是及早规范，以合法合规的发展迎接监管。规范化是进入资本市场的前提条件，规范化将为企业提供巨大的生存空间。

红岭创投总经理　周世平

指导意见第一次从中央政策的角度肯定了基于互联网的金融创新，勾勒出了行政服务、税收、法律等基础构架级别的支持与鼓励。在实务方面，对于当前逐渐成形的几类创新模式，如支付、网络借贷、股权众筹、互联网基金销售等，提出了务实的指导，体现出监管在行业调研方面做足了功课。在资金托管、信息披露及安全等角度明确了操作底线和业务边界。

积木盒子创始人、首席执行官　董骏

互联网金融结束"三无"（无门槛、无标准、无监管）状态，进入监管时代。明确了互联网金融的中介性质，未来互联网金融就是做平台。明确了客户资金为银行资金存管，而非银行资金托管，减少了银行与互联网金融平台合作的障碍，降低了互联网金融平台的运营成本。意见还特别提出将互联网金融行

业纳入营改增的范畴，有利于降低互联网金融平台的税负成本。

PPmoney 创始人　陈宝国

指导意见的出台，既是意料之中，又在意料之外。意料之中是因为意见经历了长时间的讨论和修改，在浙江省及杭州市陆续出台有关互联网金融发展指导意见之后，在 7 月份这个大家非常期待的时间点出台中央意见，承上启下，合情合理。意料之外是没有预料到中央各部门对于互联网金融这个新兴产业会表现出巨大的开放性和包容性。从意见内容来看，支持万众创新的思想和政策在中央层面取得巨大共识。意见出台表明监管的靴子落地，对于行业来说机遇才刚刚开始，更需要我们沉下心来踏实做好基础工作。作为杭州市互联网金融协会的主发起单位，我们也更有信心在未来依托协会的力量更好地规范行业发展，打响浙江互联网金融的品牌。

盈盈理财联合创始人　熊伟

"创新"是指导意见的关键词，从这个立意上来说，指导意见所有的条例都是基于鼓励创新这一主题的。互联网金融平台业务同质化太严重，意见鼓励平台差异化定位，创新业务模式。未来，没有自己独特的业务定位和模式的平台将是不可持续的，是没有生命力的，正如配资平台的短视和趋利。金融机构之间的合作更值得期待。现在很多金融机构已经开始和互联网金融平台合作，比如信托、银行等。同业之间的合作有很大空间，有待深化，比如消费信贷这一领域的业务合作。谁在同行合作这方面做得更好，或许在未来竞争中将获得更多主动权。

铜掌柜董事长　张焱

指导意见的出台，意味着真正意义上的网贷合法时代的到来，预示着从政府层面到民间大众乃至法律层面，均开始认可互联网金融这个行业，同时也代表着传统金融和互联网金融合作的时代来临了。随着政策的调整，P2P公司在国内上市也变成可能。互联网金融公司具有很强的互联网属性，并不追求短期盈利，这跟目前国内主板市场上市的规定有所冲突，因此为了规避这种冲突，不少急于获得资本市场渠道的P2P就会选择被上市公司并购。未来上市公司并购标的可能会越来越少，进而出现明显的马太效应：互联网金融企业在资本市场上表现分流，优质平台被多家上市公司争抢。

翼龙贷　王思聪

指导意见多次提到适度监管和鼓励创新，并且落实了税收优惠政策，可见国家对互联网金融这一新生事物的呵护态度。同时，指导意见也对安存科技这类互联网金融第三方服务机构表明了鼓励参与的态度。指导意见中提及加大对投资者保护，增强信息透明度，明确交易各方的权利义务等内容，正好给了第三方服务机构施展拳脚的舞台。

安存科技副总裁　谭义斌

指导意见的出台非常及时，将尽快结束行业"草莽发展"的阶段，让模式先进、基础扎实、合规发展的平台快速胜出，而不合规、模式单一的公司将被洗牌出局。提导意见也对不同类型的互联网金融公司进行了细分，对不同细分的监管进行了界定，为日后整个行业的健康发展奠定了实质性基础，为行业监管划清了界限，具有实践指导意义。例如这次对网络贷款给出了新定义，包括强调信息中介的性质，这和当下北京正在进行的"打非"行动是一脉相承的。

91 金融首席执行官　许泽玮

政府正式将股权众筹纳入国家层面的金融体系，是行业一大利好。指导意见明确提出股权众筹融资方应为小微企业，这是对 2014 年 5 月证监会首次上海调研会上所提"两头小"（小融资主体、小投资者）要求的进一步呼应，利好初创企业和小微企业，一些成熟企业或者大型企业通过众筹融资是否会有约束，目前还不太确定。对参与股权融资的投资者门槛，指导意见没有给出详细说明，还有待证监会出台细则。总体上看，仍将保持"明确监管，鼓励发展"的定位。

众筹工坊创始人　江南

指导意见为监管框架性指导意见，将有效推动所有行业从业者的自律和规范，让规范运作、经营突出的平台发展起来，为小微金融和普惠金融贡献更多力量。而存在虚假交易、诈骗、自融等的平台将面临比较大的压力，待具体监管细则落地时，90%的平台将面临关门或转型。指导意见将P2P明确定性为信息中介，不能为信用中介，不得提供增信服务，意味着P2P平台不能为借款人提供担保职责，很有可能将禁用保本保息等宣传语，但却没有明确是否可以由第三方提供担保。意见鼓励传统金融机构依托互联网，实现业务与服务转型升级，此举并不会对P2P形成压力。因为两者目标客户定位不同，银行定位于大企业项目，P2P平台定位于小微企业，不存在直接竞争关系。

人人聚财首席执行官 许建文

监管部门的落地首先解决了P2P行业的身份问题，明确了P2P信息中介的性质，为行业发展指明了方向。其次，促使国资系、银行系、上市公司系等资金实力雄厚的平台加快进入互联网金融领域，提高了行业准入门槛，促使行业发展更加规范。指导意见也为互联网金融企业走向资本市场指明了方向，各平台开始探索走向资本市场的路径。

微贷网 汪鹏飞

指导意见指定银行作为资金存管机构，考虑的还是安全问题。银行做资金存管的好处在于：其一，监管流程清晰，银监会和央行对P2P资金流向的实质监管可以很直接，对整体资金把握更清楚；其二，银行有着多年被银监会监管的经验，比起第三方机构来说，在操作流程和安全性上更加可靠。但是，由于银行以前针对海量客户端的用户体验不是很理想，客户资金存管从第三方转移到银行后，很可能会影响用户体验，所以短期内可能还需要一点过渡时间。

点融网创始人　郭宇航

指导意见对网络借贷做了新定义，分别包括即P2P网络借贷和网络小额贷款。其中，明确了P2P直接借贷行为属于民间借贷范畴，受合同法、民法通则等法律法规以及最高人民法院相关司法解释规范；同时也规定了P2P网络借贷要坚持平台功能，为投资方和融资方提供信息交互、撮合、资信评估等中介服务。强调信息中介性质，主要为借贷双方的直接借贷提供信息服务，而不得提供增信服务，不得非法集资。

好贷网创始人　李明顺

浙金网CEO　高　航

钛牛互联网金融创始人　梅可凤

第六章

"互联网+"工业

在 2014 年 10 月李克强总理访问德国后，中国政府对德国工业 4.0 高度重视，从而形成了一轮工业 4.0 的浪潮。对应德国工业 4.0 的概念，国内现在提出以两化深度融合为特征的《中国制造 2025》。在中国经济已经融入全球经济发展的大环境下，中国工业如何面对"互联网+"工业的大趋势也是当前要思考的问题。

1. 工业发展历史和"互联网+"工业概念

从工业的发展史来看，截至目前已经经历了四次革命，每次工业革命都会出现标志性的技术，使得工业生产效率取得重大突破，对生产人员的工作也会产生重大影响。

	工业 1.0	工业 2.0	工业 3.0	工业 4.0
典型标志	创造了机器工厂的"蒸汽时代"	将人类带入分工明确、大批量生产的流水线模式和"电气时代"	应用电子信息技术，进一步提高生产自动化水平	开始应用信息物理系统
自动化变迁	机械的自动化	机械化→电气化	模拟化→数字化	自动化→智能化
对生产者的解放	解放部分"操作工"工作，机器替代体力活	进一步解放"操作工"的工作，机器替代体力活	解放现场"管理员、调度员"的部分工作，机器替代已定规则下的烦琐劳动	解放部分"技师"的工作，机器替代部分可创造性劳动

德国工业 4.0 早在 2012 年就已经提出，经过几年发展，其未来发展蓝图已经非常清晰，成为德国的国家战略。工业 4.0 主要是解决制造业智能化以及多品种小批量产品生产的效率问题。德国工业 4.0 蓝图的核心是一个物联信息系统，两个主题智能工厂（自动化设备）和智能生产（信息化）。需要实现横向集成、纵向集成以及端到端的集成。从德国工业 4.0 的蓝图看，互联网技术将融入制造系统，通信技术、传感技术、自动化技术、企业应用软件、大数据、云计算这些互联网技术将进一步融合，并与制造系统融合，从而实现生产的智能化以及多品种小批量定制化生产的目标。未来所有工业制造企业都会借助互联网，实现企业内部信息互联，企业间信息互联，从而实现智能化。从这个意义上来说，德国工业 4.0 与中国的"互联网+"工业是一致的。

随着科技的发展，工业领域的技术越来越复杂，在互联网技术尤其是云计算技术成熟之后，互联网技术与工业技术融合的趋势更加明显，互联网成为创造价值的核心。

2. 当前工业的痛点

IBM对北美、西欧和亚太地区 25 个国家近 400 位负责生产策略智能和运营的高级主管的调研结果表明，生产负责人主要面临以下挑战：

成本控制——持续的快速变革使得这一传统优势不再突出，生产主管也不得不全力应对。

可视性——信息量大增，生产主管必须寻找，做出判断，并利用合适的信息采取行动。

风险——并不仅仅是首席财务官需要关注风险，风险管理已成为生产管理的首要任务。

客户紧密度——尽管客户需求是公司发展的源动力，但公司与供应商的联系远远比客户更亲密。

全球化——全球化更能促进企业增加收入。

整个制造业面临着的难题，包括对供应商的要求更高，信息数量增加。越来越多的标杆企业对生产项目进行改造。需要借助传感化自动化，将传统人工填写信息，逐步由机器替代生成。同时将供应链互联成为一体，不仅包括普通客户、供应商和IT系统，还包括各个部件、产品和其他用于监控供应链的智能工具。并且通过先进的分析和建模技术，帮助决策者更好地分析复杂多变的风险和制约因素。更加智能地制定决策，提高相应速度，减少人工干预。

	传感化自动化	互联	智能
智能的成本控制 最优秀的生产企业采用敏捷的供应链快速响应对不断变化的市场环境以及可变动的成本结构,随收入波动及时调整。	基于传感器的解决方案,可通过提高可视性来降低库存成本。配有生产过程监控,可监控生产监控和废物排放情况。能源利用和监控物理运筹、分销和设备资产的管理情况,通过智能化资产的管理情况,提升效率。	由供应商、合约制造商等组成的随需应变的服务提供商网络,选择性价比最高的采购、生产路径(自己生产)或者服务的业务,外包生产的业务、通过网络控制成本。按市场需求来变动的可变成本结构。通过网络实现整体资产利用和管理。	通过事件模拟实现生产和销售战略的分析和建模。基于场景的运营分析。模拟模型和分析器,通过同步来评估影响灵活性的各个因素(服务级别、成本,所用时间和质量)。可持续性模型,可用来分析和监控能源利用和使用情况的影响。通过先进的决策支持技术,实现需求和供应链管理的集成。
更智能的可视性 管理者希望了解生产的各个环节,包括货物的物流状况、签约制造商、以及生产线上生产的每个部件。这从需要生产供应下库存。随时记录货车、码头、货架,进一步根据部件产品的关键数据可以跟踪生产线路、供应及交货数据、交货方式,根据历史消费信息,交货方式,根据历史购买生产来预测未来消费者购买力。	货架补货可视性。基于极值和公差的时间导向型监控和报警检测。用于捕获实时性可视性的智能设备和传感器,预测/订单,排程/承诺,预计库存和交货周期状态。感应一相应模式下供求信号的通知。	企业应用软件的集成、行业上下游企业间的信息集成。面向供应商、客户和服务伙伴提供的多合作伙伴协作平台。供商的多合作伙伴数据集成和决策支持功能,订单和销售终端。拥有数据的预测,集成以客户为导向的实时补货实现动态供求平衡。通过实现动态绩效管理。	库存预测和分析。具有库存优化功能的服务级别分析。优化的采购建议。价格保护分析。先进的决策支持分析和优化功能,自动激活并执行供应链事务。

（续表）

智能的风险管理 风险是一个系统问题。未来生产的风险规模策略是通过连接的智能对象来报告温度波动、偷窃或篡改等威胁的信息。可以在共同的风险避险策略和战略中与合作伙伴协作，利用实时连接快速做出反应，利用精密分析帮助评估社会和环境因素。	用于追踪从产品零部件到最终客户使用的产品监控器和传感器。 用于监控整个供应链中的产品状态、来确保产品质量的传感器解决方案。 用于预先分析供应计划，运货路线和货物调配的天气智能系统和传感器。	灵活的生产网络设计。 具有应急计划和策略的网络集成。 财务和运营分析集成。 面向供应商、服务提供商的合规性战略及决策。 用于整个产品生命周期（从设计到使用、再到后期处理）的网络可持续性策略。	基于概率的风险评估和预测分析、涉及风险规避策略的可能性、程的主要风险因素的可检测难度、严重度和检测难度。 基于风险的财务影响分析、决策树、敏感度分析。 给予风险调整的库存优化。 灾难应对模拟模型。贝叶斯供应链风险分析和规模模型。
更智能的客户互动 在整个产品的生命周期（从产品研发、日常使用到产品寿命结束）都能获得客户的信息。通过大量使用传感器，可以获得需求信息。包括产品磨损原因、易损件故障原因、客户使用习惯等。通过这些信息，经过深入分析，利用智能找到差异、为客户定制产品。	通过信号、传递零售货架等需求的感应器解决方案。现场服务、基于感应器的自动响应。 通过客户手机进行产品认证和客户忠诚度调查。 针对自动化产品缺陷检测和服务警报的嵌入式软件分析。	全球区域战略预测和策略对比。 具有网络化销售及买卖决策支持的网络化销售与运营计划。 兼顾可持续发展、"绿色"以及品牌美誉度。 产品设计与包装。 针对客户的品牌推广。 合规项目。 整个生产过程中与客户开展合作。	产品/服务组合的客户分类：利润、地理位置/市场。 用于制订计划和评估交易量的客户行为、购买模式、市场渗透率的模拟模型。 根据客户分类制订的优化库存计划及其执行。 从成本到服务的经营模式及智能分析。

（续表）

更智能的全球整合 根据全球各种替代供应链、制造和分销情况，并根据情况的变化重新灵活配置。这样可以制订应对突发事件的计划。	点到点供应链活动中的"感知—响应"事件管理。 感应器与执行器：制造、物流和流程控制。 与感应器进行实时联系，检测全球范围内的产品和装运地点。 连接日益扩大的全球贸易合作伙伴基础设施的感应器解决方案，可提高供应链可视性。 用于优化性能和交付的全球"精益中心"。 合理采购的全球物流网络。 基于面向服务的体系结构的异构系统整合。 嵌入绩效管理系统的协同工具。 点到点供应链协同工具和方法。	受业务规则驱动、整合了关键绩效指标和事件报警的管理仪表盘。 制定需求、供应和分销网络计划并执行。 用于制订计划的模拟模型和基于场景的策略。 优化运营活动各个阶段的库存。 整合风险管理与解决方案制订经过整合的生产计划并执行。

3."互联网+"工业的案例

案例：戴尔电脑的直接订购模式及高效的供应链管理

戴尔电脑是企业应用软件与互联网行业相互融合的典型成功案例。

戴尔公司于1984年由迈克尔·戴尔创立，是全球IT界发展最快的公司之一，1996年开始通过网站www.dell.com采用直销手段销售戴尔计算机产品。2004年5月，戴尔公司在全球电脑市场的占有率排名第一，成为世界领先的电脑系统厂商。戴尔公司在20年的时间里从一个电脑配件组装店，发展成为世界500强的大公司，其直接订购模式以及高效的供应链管理是实现高速发展的保证。

戴尔的电子商务（互联网）与企业应用软件成功结合，通过电子商务平台直接与客户联系，了解客户需求，并采用直销直接把产品送达客户。其核心是直销背后的一系列包括采购、生产、配送等环节在内的供应链的快速反应能力，利用先进的信息手段与客户保持信息的畅通和互动，了解每一位客户的个性化需求。这个方案是企业应用软件与互联网相结合的产物。其架构模型如下图所示。

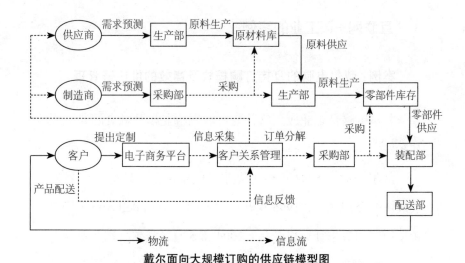

戴尔面向大规模订购的供应链模型图

首先，客户通过电子商务平台向戴尔提出订购要求，戴尔通过数据挖掘等先进技术从中进行信息采集和整理，而后通过客户关系管理对客户订单进行分解。分解后的订单信息成为企业采购的重要依据，而采购也使戴尔与零部件制造商和原材料供应商紧密联系在一起。其次，由于供应商和零部件制造商开始是根据需求预测来决定其库存的，因此戴尔应将通过电子商务平台采集到的客户信息及时传递给供应商和制造商，使他们的库存尽可能地降低。最后，当戴尔将客户的订单送交客户手中后，还应将客户的反馈信息传递到客户关系管理系统中，以期更好地与客户进行沟通。

戴尔的电子商务系统，与客户关系管理系统、制造系统、采购系统、计划系统完美结合，帮助戴尔实现了零库存，戴尔电脑的成本因此比竞争对手低20%左右，价格优势帮助戴尔在 21 世纪初快速成长，成为行业的标杆。

戴尔的案例说明了技术的融合可以创造巨大的价值。

不仅互联网与企业应用软件有融合的趋势，自动化与通信的融合从总线向工业以太网升级，信息化与通信行业有不同程度的融合。

融合的需求很早就有，但早期成功案例并不多见，没有形成大规模融合的趋势。在云计算技术成熟之后，融合的技术瓶颈被打破，物联网大数据等概念不断涌现。其实物联网就是一个技术融合的产物：物联网是传统通信、自动化、企业应用软件、互联网行业融合的产物。通信行业对物联网的定义是 M2M（machine to machine），而自动化、硬件领域对物联网的理解是物联信息系统，互联网对物联网的理解是物体组成的互联网（internet of things），另外信息化与自动化对物联网的理解是两化融合。

工业领域技术融合的趋势，是对传感、连接、智能三方面功能需求的集中爆发。

在"互联网+"工业时代来临之时，一批行业内有影响力的工业生产企业已经开始尝试，其中很多企业已经取得不错的成绩。以下是西门子和海尔两个工厂的案例。

案例：西门子成都生产研发基地

西门子工业从事制造已经 160 余年。作为制造企业，西门子也遭遇了制造企业避不开的挑战。西门子认为，制造业存在三大需求：提高生产效率，缩短产品上市时间，增加制造的灵活性。然而在传统的制造条件下，要同时满足这三大需求并不容易，企业通常得牺牲灵活性来提升生产效率和缩短产品上市时间。如，由于企业缺乏制造能力，iPhone只能一次推出一款新品，降低了生产的灵活性；而三星自身具备制造能力，能在短期内不断推出各类新品参与竞争。

要同时满足这三大需求，保障并提升产品质量，智能制造成为西门子的发力方向，西门子将其定义为"互联网+"工业时代。

"现在，一款汽车需要上千人设计，设计人员设计3年，生产模具1年，建设工厂生产4年，至少需要8年的时间。"西门子这样介绍对"互联网+"工业时代的构想，"未来的制造将是基于大数据、互联网、人，结合各种信息技术进行柔性制造。实现定制化生产，甚至可以当月定制车，下个月就可以生产出来"。

虽然这一构想的实现尚需时日，但是西门子已经开始了自己的探索。德国西门子安贝格电子制造工厂是其打造的第一个数字工厂，由这家工厂探索其从传统制造向数字制造转型的技术线路。西门子成都生产研发基地作为安贝格在中国的姊妹工厂，亦实现了从企业管理、产品研发到制造控制层面的高度互联，通过在整个价值链中集成IT系统应用，实现包括设计、生产、物流、市场和销售等所有环节在内的高度复杂的全生命周期的全自动化控制和管理。正是在这些复杂IT技术的辅助下，灵活生产不再成为牺牲品或者无法实现。

工厂里生产的每一件新品，都拥有自己的数据信息，数据在研发、生产、物流的各环节不断丰富，实时保存在一个数据平台中。基于这一数据基础，企业资源计划、产品生命周期管理、制造企业生产过程执行管理系统、控制系统以及供应链管理实现信息互联。工厂采用了西门子全生命周期管理软件，通过虚拟化的产品规划和设计，实现信息无缝互联。利用制造执行系统SIMATICIT和全集成自动化解决方案，将产品和生产生命周期进行集成，缩短产品上市时间。其设计还赋予工厂灵活性，可满足不同产品的混合生产，并为将来的产能调整做出合理规划。

每天，由西门子制造执行管理系统生产的电子任务单就展现在其面前的电脑屏上，订单由系统下达，在企业资源计划系统的高度继承下，实现生产计划、物料管理等数据的实时传送。

操作员的工作台上有5个不同的零件盒，当自动引导小车送来一款待装配产品时，电脑显示屏会出现它的信息，相应所需的零件盒的指示灯也会亮起。传感器扫描产品的条码信息，并将数据输入制造执行管理系统，系统通过与西门子全集成自动化解决方案的互联，操纵零件盒的指示灯。

操作员确认了装配产品后，按下按钮，自动化流水线的传感器将扫描条码信息，制造执行管理系统将以数据为判断基础，指挥小车去下一目的地。在到达下一工序前，这个产品将经过20个质量检测节点。视觉检测是数字化工厂的特有监测方式，相机拍下产品图像与Teamcenter数据平台上的正确图像对比，一点小小的瑕疵都逃不过品质管理模块的"眼睛"。经过多次装配和质量检测后，成品将送到包装工位，经过人工包装、装箱，包装好的产品将通过升降梯和传送带自动送往物流中心或者立体仓库。这一生产过程，无须像传统制造中，用几十人甚至上百人的手工去完成。应用了西门子数字化企业平台解决方案的成都工厂和其他工厂相比，产品的交货时间缩短了50%，产品的一次通过率可达到99%以上。

显然，成都工厂已经成为西门子在中国制造业转型中的标杆。

案例：海尔佛山滚筒互联工厂实现定制化、智能化

什么是定制化？智能化工厂什么样？看一下海尔最先进的"互联网＋"工业示范工厂海尔佛山滚筒互联工厂，它基于模块化、数字化、智能化，提供最佳的用户体验，实现大规模定制。

当用户想要拥有一台自己喜欢的洗衣机时，他登录到海尔全流程可视化定制平台，交互出对款式、颜色、功能等方面的个性化需求。

全流程可视化定制平台在接到客户的订单以及定制化需求

后，智能系统自动排产，并将信息自动传递到各个工序的生产线及所有模块商、物流商。

凭借智能设备、机器人和生产线，用户全流程互联对话，实现高品质、高效、柔性自动化生产。

以可集成制造执行系统为核心的企业资源计划、产品生命周期管理控制、物流5个系统集成，保障用户交互定制，实现用户订单、口碑等信息实时到达有关方。

研发平台、模块商平台看到用户需求后，在虚拟空间规划和设计个性化需求。即时与用户交互，达到最佳定制效果，之后，即自动生成用户的订单制造流程，每一台洗衣机都有自己的生产工艺——需要什么料，什么时候到哪一条线上，有哪些人哪些设备参与制造。

与此同时，通过射频识别制造节点感测技术，实现模块商与工厂无线感知对接，机器间能够互联对话。根据用户个性化需求，智能拣配，精准、实时点对点配送，无错漏装，快速响应用户需求。

内筒生产线启动生产，自动调整参数，变换模具冲针，进行激光焊接，700个大数据采集点具备智能防呆检测功能，保证焊点无漏焊，保证质量一致性达100%。

箱体生产线对话可集成制造执行系统，快速响应个性化需求指令；集成传感器，精准测定箱体每个部位尺寸，精准度提升了100倍。在总装线，利用射频技术、数据采集与监视控制系统，洗衣机与总装线网络管理系统互联，自主决定后序生产所需的步骤和物料。自动化专机装配关键部件，质量大数据采集点，实现精工制造，提升产品质量。在产品下线之前，还要经过大数据应用的智能检测线，使每个工位的检测数据可以被追溯，并可通过统计过程控制方法分析预测，以确保产品质量的零缺陷。

根据海尔的互联工厂定制化、智能化生产流程，总结出未来智能工厂需要具备以下功能：

（1）个性化定制：产品多维度特点的可定制，比如颜色、大小、功能等，通过个性定制吸引客户。

（2）订单跟踪：用户下单后，可以实时看到生产信息，比如何时排产、何时上线、何时发货等。

（3）与供应商信息互通：客户下单后，系统会分解订单，及时传递给模块供应商和物流商。

（4）制造执行管理信息系统：该系统是中枢，实现计划、排程、监视、质量管理、人员管理等功能；与控制系统集成：与企业资源计划、控制系统双向集成，既下指令，又收集数据。

（5）机器对话：机器互联对话，根据个性化需求自动拣配，提高生产效率。

（6）质量提高：质检数据采集，智能防呆检测，质量一致性达100%。大数据质量检测线，统计过程控制分析和预测，确保质量零缺陷。

（7）虚拟与现实集成：虚拟设计，在设计中与用户交互达到最佳定制效果。

4. 如何应对"互联网+"工业

工业以信息、通信和技术为内核成为必然趋势。中国的企业在"互联网+"工业的大背景下如何把握机会向"互联网+"工业转型，是现在大部分企业要解决的问题。

而政府要解决的问题是中国的制造业要如何借助"互联网+"工业实现弯道超车。第一，中国企业要解决的是定位问题，即根据自身的技术能力、技术特点，选择合适的定位。

广州一家家具厂，只需要将家具的 3D 文件输入机器，在生产线上就可以自动生产出定制的家具，完全实现了个性化定制。

但是这家家具厂的设备生产商是东莞豪力机械有限公司，它使用的是西门子的技术解决方案。

所以对于中国的企业而言，重要的是根据企业自身特点在"互联网+"工业时代，选择好定位：做这家家具厂这样的利用行业专业设备供应商提供的解决方案，成为"互联网+"工业时代的制造商；或者成为东莞豪力机械有限公司这样的行业专业设备供应商；或者成为西门子这样的底层设备供应商，为"互联网+"工业提供系统。

而对中国企业而言，最重要的是借助"互联网+"工业这个机会实现弯道超车，帮助中国行业领军企业成为系统的供应商。

第二，中国企业要解决的问题是要根据自己特点，按优先级顺序实现"互联网＋"工业。

未来工业必然实现计划系统、制造执行系统、控制系统、物联信息系统四个层次的信息融合。

从这个意义上看，计划系统、制造执行系统、控制系统、物联信息系统，自上而下的指导性越强，自下而上的信息反馈会越多，因而越上层的决策的影响力越大。

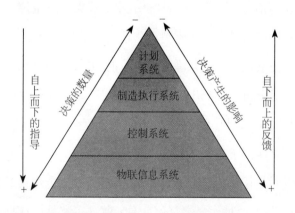

纵向对比中国企业与西方企业的发展程度，中国在信息软件方面差距特别大，特别是为制造业创造价值的应用软件基本尚未起步。这是中国企业需要追赶的。

制造执行系统是打通控制系统与计划系统的关键，是实现技术融合的关键，特别值得关注。

控制系统、自动化设备非常重要，是向"互联网+"工业时代进步的关键。但缺乏互联互通的计划系统以及缺乏制造执行系统的自动设备是不能充分发挥设备的重要作用的。

物联信息系统是先进企业也未能实现的，中国需要抓住时机，这是实现弯道超车的关键。

因而在工业以信息、通信、技术为内核的驱使下，计划层的企业信息软件、执造执行，以及物联信息系统都非常重要。不同企业需要根据自身不同特点选择当前发展的重点。从最关键的节点入手，而非专注于自动化设备这一点。

和君集团合伙人

许永硕

第七章

"互联网+"农业

"互联网+"农业，一个现代又时髦，一个古老又传统，本来毫不相干，但随着互联网技术在农业中的运用，对农业的改造从潜移默化的改变到颠覆性的剧变，可以说这两者正在快速融合。刘强东、潘石屹等传统企业巨头通过互联网进入农业行业，实现大佬们的再造故乡梦！一些新农人也拒绝背井离乡，用互联网来玩转新农业，实现自己儿时的再造故乡梦！一场轰轰烈烈的互联网农业大幕正在全国拉开！

"互联网+"农业的范畴太大，本文就互联网在农业营销中的关键作用，结合笔者多年的咨询及实践经验，谈谈自己的想法。

1. 农业 3.0 时代已经到来

农业 1.0 时代是一个高度自给自足的时代，

农民种地的目的就是吃饱饭！李家爷爷家里有田种水稻，还有一些菜地，还有柴山（用来取火烧饭的）。除了极少部分用来换取布匹、盐巴等生活必需品以外，其他所有生产出来的农产品都是自给自足，跟城里人几乎没啥关系！

农业 2.0 时代开始有了分工，很多农村达人开始搞起了专业种植计划，李家爸爸就处在这个年代，通过细致的研究和观察，他发现自己村的田地土质并不太适合种水稻，隔壁村的田地却非常合适，为什么不干自己擅长的呢？于是，他开始开垦自家大部分种水稻和种木材的田地，全部种上了茶叶！这一举措收到了奇效，家庭收入倍增！乡亲们也纷纷效仿，于是李爸爸所在的村子成了远近文明的茶叶村！在那个年代，李爸爸们干的事情是施肥、除草、修建茶树、采摘，然后将茶叶以极低的价格卖给茶叶贩子们，再由茶叶贩子们卖给城里的茶叶批发市场，茶叶店去茶叶市场进货，最后卖给茶客。一片小小的茶叶，经过无数长途跋涉，终于到了茶客手中。在这种状态下，种茶的和喝茶的根本不认识，喝茶的也不知道茶叶是如何制作出来的，农药用了多少？有没有化肥？香精加了吗？——哎呀！这喝茶真是一次极大的冒险啊！所以，只买贵的不买对的！在那个年代，各种认证非常流行，很多大厂家都要申请。但是，您会惊奇地发现，出问题的往往是那些各种证件齐全的公司！农业 2.0 时代最大的进步是更加专业化了，从生产工作的专业化，一直到生产产品的专业化，但销售成了最大的障碍。血拼价格战成为第一个环节农民取胜的唯一武器！于是，各种农药、肥料一起上，生产出来的产品个大、色亮，看起来倍棒，吃了也不会有太大的问题，反正找不到我！前文所说的农业价值的坍塌，就是这个意思。

"从田间到餐座"是这个年代最大的笑柄和最遥不可及的梦想！

褚橙、柳桃、潘果等开始被世人所接受，农业慢慢进入了3.0时代，在这个年代里，好产品渐渐被认知，小李就处在这个年代。大学毕业后，小李没有选择在城里工作，而是卷起了袖子，开始了建设美好乡村的伟大事业。

在介绍他怎么干之前，我们先来看看小李是什么样的一个人，他身上有哪些现代农人的特点。

2. 新农人的新基因

第一是文化基因。据农业部统计，我国农村劳动力中，高中以上文化程度仅占13%，小学以下文化程度占36.7%，接受过系统农业职业技术教育的不足5%。相比传统农民，新农人普遍具备相对较高的文化水平，这也是推动新农人持续创新的重要保证。过去几年时间里，一批接受过高等教育的年轻人，抱着创业造福家乡的愿望回归农村，形成了一波"新知识青年下乡"的热潮。互联网新农业不仅仅是技术的创新，更核心的是思维方式的创新，当销售回归到人性时，这一大批有思想、有素质的新农人，无疑能和消费者实现最好的沟通！

第二是再造故乡基因。这是新农人的魂，如果说中国的食品安全问题给了这些新农人大量市场机会是他们从事农业的导火索，那么再造故乡这样一种情怀就是点燃这根导火索的那根火柴。他们背井离乡，在外摄取知识，积累能力，然后回到故乡，再造故乡是一种厚积薄发，同时，也是现代人衣锦还乡的表现形式。

（1）新版"F4"火了

2014年12月12日晚，北京全国政协礼堂，一场特别的演唱会正在进行。

演唱会的主角叫"F4",虽然也唱《流星雨》,但却不是台湾流行组合。他们是山寨版F4,"Farmer4"的简称,分别是四个农业品牌的创始人:乡土乡亲创始人赵翼,火山村荔枝创始人陈统奎,维吉达尼创始人刘敬文,新农堂创始人钟文彬。

(2)他们缘何返乡

陈统奎曾经是《南风窗》的一名记者,2009年选择离职回乡与村民一起创业时,受到很多人质疑。

"一次采访时,我提到返乡,有人说,大家都在倡导城镇化,你忽悠人返乡,不要害人哟!"说到当年遭遇的不理解,在录制《正益论》节目时,陈统奎仍激动得红了眼圈,说话变得哽咽。

2009年,陈统奎参观了台湾日月潭附近的桃米生态村。桃米村曾贫穷凋敝,后来一对记者夫妻带领乡民们对村庄进行了10年的"社区营造",如今桃米生态村一年吸引超过50万人次的游客,仅旅游收入一年就有2 200多万元。

而在他的故乡,海口市博学村,村民靠传统农业谋生,年人均收入只有2 000元。于是,陈统奎决定说服村民,再造新故乡。

五年里,他领着乡亲搭建民宿,修环山自行车赛道,还参与发起返乡大学生论坛,期望把一个传统落后的家乡,转型成为结合自然农法农业、环境保护和休闲旅游为一体的新故乡。

2015 年，他创立了"火山村"荔枝品牌，带领返乡大学生团队，向外界出售村里的古法种植荔枝。

（3）故乡与外界的桥梁

"农业是手段，再造故乡是目的，希望更多人加入这条农业产业链中，而且每个人都会很舒服地获得自己想要的东西。"钟文彬说出自己的愿景。

在这条产业链中，移动互联网成了桥梁，Farmer4 准备好好利用这座桥梁，加深食品两端人与人之间的交流与互动，"为生产者争尊严，为消费者争安心。"刘敬文说。

在维吉达尼公司购买干果，刘敬文会附上一张明信片，是当地农民的照片，上面写着一句话。有时，他们会收到消费者回赠的明信片，农民会感受到农夫的职业荣耀。

三年时间，仅有 5 名员工的维吉达尼，在新疆已拥有约 2 000 家合作农户，网上重复购买客户达 5 万人，已成为淘宝网上小有名气的品牌。

陈统奎售卖的火山村荔枝，直接采用认购的方式。消费者购买荔枝礼盒，付的钱会被用来资助荔枝农赴台学习有机农业 9 天。这也正是大多数人所理解的社会企业，商业盈利是用来为公益事业造血。

2015 年，火山村荔枝只卖出 1/4，这让陈统奎很头疼，"乡亲们是看着我长大的，他们信任我，但他们需要活下去"。

"所以我发动大家一起卖，他们三个的产品，都可以。"钟文彬接过话茬说。这个时代有最好的沟通工具——自媒体平台。信任，情怀，是这四个"新农人"正在极力营销的产品。

3. "互联网+"农业的五大死亡陷阱

这也是新农人区别于传统农民、新型职业农民的很大不同。正是由于互联网的赋能，新农人具备了直接对接市场的能力，从而改变了以前农民信息能力薄弱的状况，从产业链的末端开始走向前台。第三方电子商务平台是新农人主要的经营平台。以赶街网为例，其开放的平台型电子商务模式，为新农人提供了低门槛的创业渠道，这个平台和淘宝等第三方平台不一样的地方在于，它是一个线上线下一体化的平台，线下海量的赶街村级网点，对农产品品质、安全、源头有很强的监控能力，让消费者购买更放心，其推出的"屯亲"App平台也受到了消费者的认可，小试牛刀的推广即达到了1万次的下载应用。此外，以微博、微信为代表的新媒体平台，也是新农人的重要互联阵地。一些新农人善于利用微博等新媒体工具来优化营销活动，取得了事半功倍的效果。新农人是天然"亲互联网"的群体，反过来，互联网也成为新农人越来越倚重的发展方式。

了解小李是怎样一个人之后，下面我们看看他是怎样干的。

第一，在第三方平台上卖。

说白了就是在淘宝上卖，将自家的产品包装好之后，在淘宝上卖，但是必须结合自媒体来做推广，否则，根本不会有人看到小李的网站，于是乎，小李天天泡各种茶叶相关论坛，以及各种茶叶QQ群，不停地发广告，被歧视过，也被清退过，后来慢慢地有人来了，但似乎小李的茶叶和别人的茶叶没办法区隔。还好，小李比他们更有勇气和魄力——送茶样！这一招成为小李在淘宝上卖出来的最大利器，现在也基本维持了小店的生存。

第二，在微信微博上卖。

微信微博火了之后，小李也将一部分注意力转到了微信微博上，开始了自媒体营销。主要方法很简单，加各种各样的粉丝，发各种各样的美图，也组织过一两次茶园游，还开了微店，但小李惊奇地发现，客户还是那些客户，只是从淘宝到了微信。通过不懈的努力，小李的茶叶虽说有了一定的起色，但仍然不能上量，于个人而言，虽然温饱已基本解决，但离再造故乡的梦想似乎还是遥不可及。其实，小李只是茫茫互联网农业大军中的一员，这波大军主要有三个军种，我们分别来看看他们？

互联网农业的三种模式

模式一：游击队模式，数量最大！这是逃离北上广后，很多人再造故乡的第一选择，很简单，也很直接，但这些人的经历印证了那句话："理想很丰满，现实很骨感。"类似F4这些成功案例的背后，有多少人在默默奋斗？而且，案例终究是案例，真正的成功是否还很遥远？

模式二：正规军模式，也就是所谓的垂直电商，他们部门齐全、分工明细，有专业的运营团队、专业的采购部门、专业的营销部门等。企业背后通常会有强大的后盾，比如顺丰优选、中粮我买网、沱沱工社等。中国目前已达3 000家。然而，农产品电商亏本运营是行业现状。网易至今一头猪也未见上市；联想农业勉强能做到盈亏平衡，已经实属不易；京东商城上的"强东大米"基本没有对外销售，即便是该公司内部员工，也越来越少吃到"强东大米"了。其他大举进军互联网的农业，估计还需要很长时间才能达到量产水平，盈利模式更是遥遥无期。菜管家运营4年来总计投资3 500万元，到目前仍是亏本运营；武汉家事易短短两年半时间电子菜箱覆盖了1 200多个社区，累计投入6 000多万元，虽然每日成交量不小，但基本上都是亏本支撑。

模式三：最新模式，即所谓的平台电商，武器最先进，主要代表有三个：淘宝、京东和赶街，都在布局阶段。其中赶街很特别，最接地气，2 000多个网点，拉近了农户与消费者的距离感，同时，也增强了宝贵的信任感。

聚光灯下的成功者背后，确是死士一片，抛开最新模式不说，前面两种模式的大面积消亡，为前赴后继的人们提供了宝贵的经验。从整个业务流程来看，他们到底死在哪里？

（1）死在基地整合

无论你是正规军还是游击队，遇到下面的现象，你将如何处理？

1）你的茶叶产能只有 600 斤，但推广过猛，一下子有了1 200 斤的订单？怎么办？

不要？有钱赚也不要。更严重的影响是，会不会流失客户啊？

从别处采购？质量能保障吗？

2）行情不好，土鸡蛋一下子受到挤压了，原计划跟农户签订的 300 000 只土鸡蛋的生产计划，却卖不出去了？

3）虽然签订了合作协议，但这产品不是我们想要的啊，消费者可能也不会喜欢，怎么办？

……

基地整合问题的表现，您遇到过吗？这就是典型的"销售至高"论的败笔，还沉静在"微笑曲线"中，认为只要抓住销售，就不愁供给问题。很多农产品电商仅仅是以定向采购方式与基地合作，谈不上打造什么战略协同的供求关系。很多人不服了，我明明和农民签订了战略合作协议啊？怎么就不重视了呢？下面问几个问题，您是否都做到？

1）他的产品是否只卖给你？

2）您是否告诉过他们，要生产什么？生产多少？

3）你是否指导并监督他的生产过程？

4）他的生产结果有没有基本保障？

这里说说我并不喜欢喝的星巴克（笔者是茶的忠实拥趸，对咖啡嗤之以鼻），人家不仅仅实现基地的整合、需求的协同，星巴克的供应链可以延伸到咖啡豆的种植，以及降水、风力、土壤等一系列的管理。

（2）死在产品智造

只有区域品牌，没有产品品牌，是目前农产品营销的一大弊病，比如大家都知道黄山毛峰，但黄山毛峰哪家强，有人知道吗？大家都知道阳澄湖大闸蟹，哪家最好，有知道的吗？我们大多数的农产品没有品牌、没有包装、没有分级，还处在卖原材料的阶段。于农业而言，我们产品智造还差得很远。产品智造可以帮助解决两个致命问题：

1）信任问题，品牌是解决信任的有效武器之一，这也是为什么我们在吃粽子的时候选择五芳斋，因为它是全国最知名的粽子品牌，吃得放心，值得信任。我们在喝酒的时候喜欢茅台，因为它是大品牌，喝茅台带来的面子感值得信任。没有产品智造，目前解决信任度的方法是靠背后的"人"，比如在光明都市菜园上买生鲜，信任的是"光明"，在小李的微店上买茶叶，信任的是小李。

2）解决溢价问题。产品智造带来溢价，这里的溢价不是说牟取暴利，而是说要能够维持基本的运营，不能仅仅靠外部输血。同时，溢价问题也直接关系到每一笔定单能否持平或赚取微利。值得注意的是，过去，品牌溢价被神化，同样的运动鞋，贴上代工厂家"小李"牌，只能卖100块，贴上耐克或者阿迪达斯的标签，却可以卖800块，这样的时代也会慢慢过去。因为，决定溢价的除了品牌，现在又有了一个更重要的——体验溢价，从原来的一元一次方程变成了二元二次方程式，更复杂了，当然，消费者也更受益了。

（3）死在传播推广

死在传播推广的具体表现是：跟谁说，说什么，在哪说。

1）跟谁说？你的产品定位在哪一类人群，普通大众还是精英阶层？男的，还是女的？很多农产品电商满地撒广告，向男人、老太太推，那绝对是跑偏了！在这个行业，得中产者才能得天下！所以，如何实现对目标客户的精准推广，是各大农产品电商思考的问题。这也是小李遇到的问题，一开始送了很多茶，但效果不好，后来仔细琢磨才发现自己找错人了！很多茶叶送的都不是直接消费群体，有的甚至完全是图便宜的！改进之后，效果明显好于之前。

2）说什么？其实可以说的很多，说产地、说故事、说生产过程等等，都可以，但一定要切记——说和消费者相关的！同时，一定要说得简单直接，都在说懒人经济（最典型的例子就是罗辑思维，人懒到不想读书了，却有摄取知识的需求，这时候罗胖跳出来说，我来帮你们读，"死磕自个儿，愉悦大家"，于是，罗胖火了），关键看你用不用？如果你说得更简单、更轻松（图、文、声并茂），效果也会更好。如果你经常说一些无效信息，或者说一些阅读体验特别差的信息，不好意思，你可能会被"pass"！

3）在哪说？微信和微博当然是首选，效果好，又免费，但细心的人会发现，现在说的人太多了，你说的也可能会被淹没。第一个在微信做海外代购的发财了，第一个在微信做茶叶的可能也发了，但当你打开微信朋友圈，一到清明时分，被各路英雄的"茶叶"刷屏时，你就知道，死磕微信估计不行了。必须要构建一个自己的说服圈子，而且最好要做到线上线下结合，做茶叶的，可以搞种植基地旅游，可以搞城市茶会。这里传授一个小诀窍，即便大家没有再造故乡的勇气，也一定有爱我故乡的情怀，你的家乡有多少人旅居在外？——这个数据一定非常大，如何在他们中间说，以至于让他们一起说？这样会不会更加高效？

（4）死在物流配送

主要表现在物流配送成本高昂，冷链不完善。农产品和其他产品不同，物流成本的高昂让农产品电商相比传统的超市分销模式变得缺少竞争力。行业数据：生鲜产品如果客单价低于

200元，那将是致命的，因为物流成本和损耗将血本无归。很多生鲜农产品电商都是败在最后一公里——配送。此外，由于冷链的不完善，造成中国农产品流通不出去，即使流通出去，也卖不出好价钱。要做农产品电商，冷链是永远无法回避的问题，不仅仅要建库房，还必须要有"冷藏+冷冻"的混合配送车辆，否则再好的商品都白搭。目前我国冷链运输水平与发达国家相比，仍有较大差距。国内仅有7万多辆冷藏车，平均两万人一辆；而日本是15万辆左右，美国是25万辆左右，平均800~1 200人就有一辆冷藏车。据专家估计，要接近发达国家的冷链运输水平，国内至少需要60万辆冷藏车。冷链需要连续的资产投入，投资回报周期长，这都是单独做农产品电商所面临的问题。即使你有钱，投入了资产，但订单的季节性和不稳定性也会让你的运营成本大大浪费。

（5）死在口碑传播

"小李，怎么回事，这次给我配送的茶叶碎末很多啊？根本没法喝！"

"哎呀，对不住了，可能是运输过程中被挤压了，我给你补点，这次一定包装好，不再出现这样的问题"——留下的是口碑与客户感动。

"这一批次发了好几个人的，都没出现这个问题啊！"然后，就没有然后了。丢失了一个客户，同时可能会增加一个说你坏话的人!

对于散兵游勇的游击队模式而言,可能还仅仅是一个茶叶客户。而对于垂直电商而言,你失去的可能是一个年度消费者,损失一定非常大!(笔者认为,过去的营销更注重的是客户开发,而互联网营销更注重的是围绕既有客户进行产品与服务开发,说白了就是卖更多的产品和服务给同一个顾客,而不是天天去开发新顾客。)

切记,千万别把消费者当傻子,对一个客户不满意的订单置之不理,这是最大的失误。吃货最容易带来的就是口碑传播,如果出现不满意的,将伤害你的一大群客户。

能把一次用户变成年度用户的是高手,能把年度用户变成粉丝的是大内高手,如果能把用户变成传播者,那就是东方不败!

案例:田园牧歌之死

田园牧歌总部位于贵州,成立于 2011 年 11 月,号称可将云南和贵州生产的有机蔬菜直送到顾客的家里,创立从农场到住宅的直供营销模式,公司营销采取预付款模式,一年订单配送 700~800 份有机蔬菜,客户主要分布在深圳、广州两地。

而如今,田园牧歌毫无征兆地就画上了休止符,已经交过预付款的蔬菜配送也就此戛然而止。据公司相关负责人介绍,尚未服务完毕的配送涉及余款近 800 万元,而公司账目资金远远不够偿还,公司正在和另一家蔬菜订购公司协商收购事宜,相关配送服务将由对方接管，具体标准将另行出台方案。

田园牧歌，为什么倒了？

第一，投入大，周期长。田园牧歌法人代表张相波等业内人士认为，因为农产品种植需要稳定性，一方面要防止菜贱伤农，另一方面也不能菜贵伤民，因此，品种、面积等都必须根据订单生产才能保证供需平衡，前期很难实现盈利。

"农产品订购实行预付制模式是行业性质使然，否则保证不了产品质量，但蔬菜基地从开拓至成熟配送，转换期较长，资金链容易断裂。如果前端市场扩展太快，吸收了过多的客户，一旦货源跟不上，很容易失败。"张相波说。

第二，推广成本高，广告宣传效果不可控。有消息称田园牧歌花了1 000多万元做推广，对于这一说法，张相波不置可否。"因为客户群分散，营销、推广这一块的成本确实比较高，超过总支出的30%，而高投入的推广，并没有获得高回报。前期的转化率只有1%，最高时也就3%，最主要的问题是市民就近买菜这一传统消费习惯一时难以改变。"

而在杜亮看来，产品推广难与市民不信任预付模式密切相关，因为客户没有渠道去控制或预知支付的风险，业务拓展经常遇阻。有消费者表示，经过这次风波，今后再也不敢碰这种没有保证的预付消费了。

第三，保鲜、运输、冷链等技术不成熟，蔬菜损耗率高。张相波告诉记者："有半年时间，因为公司设立的标准高，想挑到质量最好、品相最佳的蔬菜给客户，使得产品在从基地送到客户手中的过程中，损耗率超过了50%，打造从农场到餐桌的成熟物流链条，是农产品配送面临的普遍难题。"

4."互联网+"给农业带来的加减乘除

加的是思维与技术

《平凡的世界》影响了我们这一代人，给我感触最深的除了那些身不由己的爱情故事以及沧桑的时代感以外，就是"联产承包责任制"的推进过程，孙少安和田福军为此排除一切障碍，坚决改革，最后取得了丰硕的成果，与其说这是一次土地运动，不如说是一次思维的颠覆。而现在，互联网思维以及新农人给农业、农村和传统农人带来的颠覆一点也不亚于那个时代，用户思维、简约思维、极致思维、迭代思维、流量思维、社会化思维、平台思维等已经在新农业营销中广泛应用，此外大数据技术、App技术、物联网技术等也在农业生产和营销过程中大放光芒。

减的是中间环节

长期以来，我国农产品流通环节长，且效率低。以蔬菜为例，2009年其流通成本占比达到54%，是国际水平的2~3倍，同时冗长的流通环节也造成了年均达 30% 的损耗，价值 100 亿元以上。而互联网剪掉了其中绝大部分的流通环节，实现了产销的直接对话与沟通，极大提升了流通的效率。同时，互联网、移动互联网、社交网络赋予消费者前所未有的信息能力，消费者从孤陋寡闻变得见多识广，从分散孤立到相互连接，从消极被动到积极参与，最终扭转了产消格局，占据了主导地位，不断参与到各个商业环节中。生产者和消费者的同步信息化，也为未来基于互联网的订单农业奠定了基础。

乘的是传播

褚橙、三只松鼠、栗米、土豆姐姐等一夜之间迅速成名，这在十年前基本不太可能，"酒香不怕巷子深"大家都知道，但如何出巷子，过去做广告几乎是唯一手段，现在，可以借助互联网这股东风了！只要你的产品生产过程有故事、使用体验会让人尖叫、服务模式有创新就能够被广泛传播。因为发言权已经不再仅仅是大媒体了，每一个消费者都是一个媒体，只要他们觉得你给他带来了惊喜，就愿意自发分享传播，过去点对点的口头传播，现在借助互联网，成了点对面的朋友圈传播。传播的精准度和效果有了极大的提升，是不折不扣的一次乘法！

除的是劣质农产品

在一个信息对称、沟通无障碍的时代里，很多人都在鼓吹技术和方法，值得注意的是，这些固然重要，但所有的故事和方法都只是为第一次购买服务的，能够带来二次消费的，只有你的产品和服务。皇太吉曾经风靡一时，后续却经营乏力，因为图新鲜吃完一次后，发现产品乏善可陈，消费者觉得"再也不会吃了"，同时会把这样的口碑传播给他周边的人；雕爷牛腩也一样，500万秘方让其风风火火以后，现在却门可罗雀。互联网时代，如果你不是消费者的图腾，那么，就踏踏实实地做"好产品"！产品为王时代已经到来！一切劣质农产品一定会被逐步剔除。

5. 玩转互联网新农业的三叉戟

做爆品

产品是和消费者沟通的媒介，所有的营销手段用完之后，产品开始拼刺刀，以前是打群架，小品牌或者初创业者几乎没有机会，有了互联网之后，可以单挑了，只要某个单品做得好，就有可能成功，甚至还可以带动周边产品，小米就是这样起来的，360也是，腾讯也不例外。于农产品而言，做爆品的关键在于做透明过程、做性价比和给小惊喜。

做透明过程——技术与精神两手抓

技术如何抓：就像在网上或超市购买的生鲜食品，有不少外包装上贴有二维码，手机扫描后可以追溯这个产品的信息，哪里耕种、何时采摘、谁来采摘、保质日期甚至成分等一应俱全，目的是解决食品安全和食品信誉问题，咱们的消费者已经被"食物投毒"吓怕了，因此我们需要重塑消费者对生产者的信心，追溯系统便是实现信息透明的重要手段，也是品牌建设的重要方式。说白了，就是告诉消费者，我是安全的，请放心吃！

精神如何抓：让所有生产环节的参与者为产品代言。于茶叶而言，采茶人走在蜿蜒崎岖的山路上的背景、深夜挑灯做茶的茶叶师傅……每一位农人都是农业艺术家，有自己的虔诚和追求，这些都可以成为透明化生产过程的精神素材。此外，是否可以让消费者参与其中？上海多利农庄就开放了农庄游，让消费者参与了解整个生产过程，不要怕麻烦（那些象征性的有组织有纪律的基地旅游价值不大，违背了自由、探索的人性诉求），不要害怕消费者来了会破坏你的生产过程，对他们要有足够的信心，让他们自己去感受，去发现，去体验！这些比你苦口婆心的宣讲效果要好很多。互联网时代是一个人人时代，想尽一切办法让你的产品生产过程涉及一切人和物，与你的消费者发生关系，他们才会喜欢你的产品！

案例：Local Harvest探索农产品电商小而美之路

美国生鲜电商Local Harvest是连接中小型农场、CSA（社区支持农业）农场和消费者的平台。它将本地农场信息汇集起来，为消费者提供了丰富的食物选择。**Local Harvest**的理念是"真实的食物，真实的农人，真实的社区"。通过地图检索系统使人们能够便利地选购本地农产品。消费者输入本地区号，就可以检索到本地农场。吃在当地的好处是物流难度高的农产品，例如叶菜和禽蛋，通过本地区宅配就可送达消费者。这样可以有效地降低长途运输带来的高物流费用。**Local Harvest**这种专业化的垂直电商网站，大大提升了食物生产和消费的透明度和便捷度。

做性价比

性价比是消费者感知的价值与付出的银子之比，而无论是散兵游勇型还是垂直型，都面临很高的物流成本，所以，这里说的性价比不是指要以低价出售。换个角度思考，好的产品以低价销售，消费者也极有可能产生质疑。消费心理学上有一个定律，在这里可以用得上：消费者买的不是便宜，而是赚便宜的心理。所以，可以通过会员权益的设置、特殊赠品的配送等增加消费者感知的价值，从而增加性价比。

给小惊喜

恋爱高手有句话，"每月一次歇斯底里的大感动+每天给点小惊喜，就没有拿不下的美眉"，人人时代，请和你的消费者谈恋爱！（很多专家都鼓吹消费者是上帝，要满足消费者的一切诉求，个人以为，这很荒谬，人的欲望是无边界的，需要被管理！如果能把消费者变成恋人，已经很牛了！）具体怎么干？三只松鼠是高手！短短两年时间，三只松鼠成为天猫坚果销量第一品牌，它的成功是有道理的。三只可爱的松鼠不停地跟消费者互动、卖萌。当你打开产品，你可以发现写给快递的很友爱的话，还有三只松鼠给你送上的湿巾纸、去壳器、纸袋，吃坚果要用的其他东西三只松鼠都帮你想到了，够温馨吧？对于企业来说，这些只是小小的成本，对于客户来说却是惊喜与感动，对于市场来说，也是巨大的撬动。消费者被忽视惯了，以至于他们在接受到这样的服务之后，自发地去"晒幸福"。自媒体时代，这些晒的行为，就是免费的、高效的传播，一夜之间，大家都知道了三只松鼠，纷纷下单，享受这样的感动！

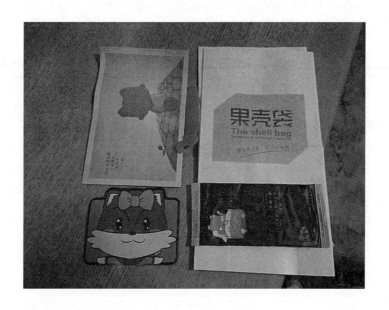

做自媒体＋圈子＋故乡人

由于农产品大多易腐烂，保质期短，运输贮藏不便，农产品的宣传必须选择有力的媒体树立产品的品牌，及时向消费者传输信息，自媒体的适时出现为农产品的营销提供了诸多便利。

以微博为例，微博的即时发布、受众普遍、沟通双向、直观便捷等特点，让更多消费者容易接受，并产生购买意向。云南省昆明市寻甸县"大学生村官微博卖板栗"就是新媒体营销中典型的成功案例之一。2011年7月29日，大学生村官简世成在"板栗乐土"微博上发出了第一声吆喝，紧接着，组织乡村生态游、团购、直销……首次试水就帮村民销售了8吨板栗，此后，他们又将这一模式用在了更多农产品销售上。微博这种新媒体营销模式让更多农产品被外界所认识、所关注，而新媒体营销的常态化，也将打造一个新的农村发展模式，使农村经济能够真正实现可持续发展，给村民们带来更多更大的收益。

此外，如果在产品和服务中的"感动＋小惊喜"做得足够好，消费者会成为你的传播者，再好的内容敌不过真实，这种真实不仅来源于产品或服务本身，更来源于传播者的背书。

于散兵游勇的小李们而言，消费者是一个圈子，而故乡人也是一个圈子。每一个漂泊在外的故乡人对家都有深深的眷恋，一看到家中好的东西一定会分享，因为，那是他们值得骄傲和自豪的地方，虽然他们没有勇气放弃既有的一切去服务家乡，"爱我故乡"也是埋在他们心中的那棵种子。你要做的就是给他们浇浇水、松松土，让这帮故乡人，帮你再造故乡！

定制＋众筹

淘宝聚划算推出了"定制你的私家农场"活动，浙江绩溪县提供 1 000 亩 5A 级良田，分为一分、半亩、一亩良田三种套餐，认购价格分别为 580 元、2 400 元、4 800 元，种植植物有固定的配比限制，为 80% 种粮油、10% 种蔬菜、10% 种蔬菜或水果，而具体的种植品类可由用户自行选择。用户进行认购后，由专业农户帮助种植、看护，每半个月将有保底产出快递给用户。活动推出后，当天就有超过 2 500 人预约。

这种模式有利于获得订单、快速回收资金、提高用户的信任度，且在一定程度上降低了生鲜电商的仓储和物流成本。然而，我国的饮食结构复杂，生鲜电商的标准化程度偏低，私人定制需求的多样化对生鲜电商的品类提出了更高的要求,同时沟通成本会极高。所以,这里说的定制+众筹不是淘宝的模式。我来举另外一个发生在我身上的例子:

之前服务过一个国内很牛的饲料企业,在走访市场时,偶然吃到了农户用自己养的猪做的熏肉。作为吃货的我,味蕾被极大地震到了!于是,我和农户聊了很长时间,做了这样一件事情:猪3头,养一年,给饲养费一头4 000元,年底杀完后帮我做成烟薰肉寄到上海,我只要肉,内脏等全部赠予农户,再顺便帮我养上几只鸡……小包的烟薰肉寄到上海以后,我把它们寄送给了我最好的朋友、客户以及亲人,并告诉他们这是我托人养了一年的猪,我收到了所有人的好评以及感谢,大家纷纷感激我这份非常特别的礼物!

大家可能明白了,与其做100个2 000元的订购(各种各样的需求和连绵不绝的电话沟通),还不如做10个20 000的订购。

如果再众筹一下,把这10个用户发展成你的股东,那就更牛了,他们会成为你的三合一载体:消费者+传播者+投资者。你的农场或者基地可以成为他们的后花园,给他们的生活添加色彩。

做好定制+众筹,要选对人,不是谁给钱就可以进这个圈子。要设置好投入的资金,少了不痛不痒,不会有人关注,多了就关注度过高,众口难调。还要让每个人都能积极参与其中,比如硬性要求每个季度或者每年来农场当义工等。

2014 年中国的 GDP 是 52 万亿，作为第一产业的"农林牧渔"产值是 11 万亿（包含农产品的生产和实体流通等），但农产品的网购渗透率仅仅 2% 左右，服装、3C 数码、化妆品等都接近 20% 了，所以，大家可以展开想象，"互联网+"农业的空间有多大？不可否认的是，前途虽然很光明，道路一定会很曲折。最后，有个小小的建议，各位，当你们收到的蔬菜、水果等有小小的问题时，请不要大声斥责，给"再造故乡"的朋友一点耐心，他们在改善我们的生存状态，也在改善农村的生存状态，对农业多一点敬畏之心！

上海通路快建高级项目总监

李 毅

第八章

"互联网+"餐饮

"互联网+"概念在 2012 年提出，但"互联网+"餐饮早在 2003 年就出现了，吃货们从上网点评到上网订餐，再到上网抢团购券，地球人已经无法阻止吃货们随时随地享受美食了。时下受资本追捧的 O2O 概念，餐饮也是其中主力，餐饮和互联网是如何联姻的？为何餐饮 O2O 会受追捧？"互联网+餐饮"的未来在哪里？且听笔者娓娓道来……

1. 餐饮行业之困

俗话说"民以食为天"。长期以来，餐饮业作为第三产业中的主要行业之一，已经进入了投资主体多元化、经营业态多样化、经营模式连锁化和行业发展产业化的新阶段，步入从传统产业向现代产业转型的重要历史阶段。传统餐饮的手工随意性生产、单店作坊式经营、人为经验型管理为主的特性，随着餐饮社会化、国际化、工业化与产业化的进程而不断改变，以快餐为代表的大众餐饮逐步走向标准化操作、工厂化生产、连锁化经营，这种发展对刺激消费需求，推动经济增长发挥了重要作用。

但是也不能否认，近几年餐饮行业面临"四高一低"的困境，即房租、人工、原材料、水电成本高；食品安全、消费投诉、媒体曝光风险高；门店销售难增长，利润持续水平低。再加上中央"八项规定"、"六项禁令"的深入推行，高端餐饮市场一度陷入低谷。

房租十年来上涨近 4~5 倍

据媒体调查显示，不少企业门店的续租租金上涨达 100% 甚至更高，有些餐饮企业租金都占到营收的 40%~50%，经营非常难。

原材料、人工成本加速上升

据某家大型连锁餐企介绍，食材成本占收入比重近四成，2008 年全国餐饮业从业人员月平均工资为 1 500 元，目前全国餐饮业从业人员月平均工资为 3 000 元以上，工资增速较快，将近翻了一番。

水电能源使用受行业"歧视"

中国某餐饮百强企业介绍，餐饮业与工业都是平等的市场主体，但水电气价格比工厂高一大截。

国家政策对餐饮行业的发展产生了巨大的影响

在反对浪费之风的影响下，众多餐饮企业大量政务酒宴订单流失，这是今后影响高端餐饮业的主要原因。这部分餐饮收入的消失将直接导致酒店或餐饮店经营利润的急速下跌。

2. "互联网+"餐饮的O2O破局新生

面对当前依然严峻的形势，餐饮企业都在积极寻求突破，谋取发展。目前，餐饮业所面临的主要矛盾已经不再是经济下行影响餐饮市场的外部压力，而是经营管理理念、方式上的被动改革，餐饮企业的主要任务已从谋生存转变为谋发展，从商业模式、管理方式、组织方式、产品服务等方面寻求创新，实质是降低成本、提高效益。

随着互联网对餐饮业的渗透不断加强，餐饮企业主动拥抱互联网成为越来越旺盛的需求。比如，餐饮强调自助化与用户参与、交互，强调数据的分析与挖掘，强调将用户体验和数据运用到业务服务过程中，通过技术手段促进业务的发展与提升等。

我们可以看到，大众化餐饮由于刚性需求增长比较稳定，更因其经济实惠、方便快捷的特点越来越得到市场的认可和欢迎，成为推动整个行业企稳回暖的中流砥柱，也是互联网餐饮发展的主要阵地。其中外卖市场，通过互联网手段，给消费者带来全新体验，给餐饮企业带来新的利润增长点。

从2013年开始，移动互联网高速发展为在线餐饮市场的迅速发展奠定了坚实的基础，到2014年在线外卖更是成为餐饮O2O中发展最为快速的。根据数据显示，2014年中国餐饮行业O2O市场规模达到946亿元，相比2013年增长51.5%，预计2015年中国餐饮行业O2O市场规模在2014年的基础上将增长到1 389亿元。2014年O2O风暴席卷餐饮行业，在线订餐叫外卖更是悄然兴起。

餐饮是人们使用频次非常高（平均每人一天3次）的服务，具有极大的入口价值。随着移动互联网、大数据技术的不断发展，懒人经济模式以燎原之速飞快漫延，用户的消费行为也随之改变，餐饮O2O也开始成为互联网最热的词汇之一。因此，包括BAT在内的巨头纷纷尝试涉足外卖O2O领域，竞争也日渐白日化，美团与饿了么之间的大打出手，百度外卖的大力补贴，淘点点的全面无死角覆盖都给该市场浇了一把油，竞争更为激烈。在电商大战、团购大战之后，中国互联网迎来新的平台战争——O2O餐饮外卖平台之战。

就目前行业内餐饮外卖O2O而言，主要有五种类型的平台模式：轻模式型（平台无配送能力）、重模式型（平台具备配送能力）、超重模式型（中央厨房+配送物流）、电商平台型（衍生品电商）、硬件型（软件+硬件）。

五类平台模式

第一种：轻模式型

此类平台主要是提供信息，在商户和消费者之间搭建起信息供需桥梁，平台的体量较轻，着力于地推团队对商铺的吸纳以及线上用户流量的获取，行业内主要以点我吧、美餐网、饿了么、美团等为代表。起步较早的"饿了么"主要针对以学生为主的年轻群体，收费方式最初是抽取餐厅订单8%的佣金，为让更多的餐厅接受互联网化经营，后改为收取商户入驻平台费和增值服务费。当然随着行业的逐渐发展，饿了么也开始自建配送团队，以增强在行业内的竞争性。

第二种：重模式型

重模式型平台具有自己的物流配送体系，平台体量较重，在发展商铺、用户的同时，还要建立基于服务效率与质量管控的配送体系，需要企业付出极大精力去经营。比如说，易淘食在自建物流方面有一个著名的"200条军规"，即12分制考核，对外卖配送都是有标准的，包括产品的密封、基本的服务质量等，配送人员具有"配送员+服务员"的双重身份。

第三种：超重模式型

所谓的超重模式型是指在原来重模式型的基础上，又增加了中央厨房。企业采取完全自营的模式，从餐品的制作到配送都由自己完成，中央厨房带来了生产方式的标准化和批量化，平台能够快速根据订单数据完成生产和配送，同时为用户提供更好的体验服务。我们可以看到"叫个外卖"在这方面下了很大的功夫，借助天锦集团现有的中央大厨房、保温技术及城市移动快餐车的优势来打造外卖中的京东模式，以保证良好的品控。

在配送环节，"叫个外卖"采用"自建＋加盟"的模式搭建，而整个配送系统由"干线物流、配送节点（也就是仓储）、最后一公里配送"组成。其中，从中央厨房到配送点的干线物流由"叫个外卖"的配送车完成，配送车和配送点分别配有工业微波炉和恒温箱。而从配送点到用户的配送除了"叫个外卖"自己的配送人员，还有招商加盟的配送团队。特别是当"叫个外卖"进行城市间扩张的时候，各地的支流配送会以加盟方式为主，"叫个外卖"主要以汽车运输的方式负责从中央厨房到临近城市各个配送点的配送。

第四种：电商平台型

这类平台除了配送之外，在前端为消费者提供订外卖的服务，在后端则为商家提供与外卖服务相关的多种解决方案，最终给消费者提供更好的外卖体验。行业中以"零号线"为主要代表，其主打的王牌即"将餐饮企业电商化"，其创新之处在于推出"厨房店"的概念，即厨房就是店面，极大节约了选址、装修、服务员劳务费等成本，能够让商家将精力和资金放在打造极致的菜品上。这一创新效果很显著，成功地帮助商家解决了三个问题：（1）搭建电子商务的各类基础设施；（2）降低传统餐饮服务的成本；（3）完善供应链和价值链的信息化程度。我们可以看到厨房店的数量在零号线平台上只占7%，却占据了30%的销售额。

第五种：硬件型

这种模式有别于前面提到的四种模式，之前四种都是在搭建平台后，将商户和用户往平台上引流，主要提供的是平台服务。而对于硬件型的外卖平台来说，则是通过为商家安装的O2O外卖机和用户手上的App来实现下单。这种模式直接去中心化，用户通过App直接下单给商家，商家接单自行处理，这有利于用户与商家沟通、查进度、催单以及服务点评，可以说是当下餐饮外卖O2O的3.0时代。以"我有外卖"为典型案例，这种模式主要分为三个步骤：

1）用户通过App下单，商家通过外卖机接单。用户有特殊需求可在订单里提出，如口味侧重哪方面、菜品熟度要求等，用户下单信息通过"云端"直接传输给对应商家的外卖机，无须经平台中转。

2）商家收到信息，可根据当下菜品库存情况给予用户反馈。过程中，若某菜品缺货或所剩不多，商家可与用户及时沟通，或换菜，或予以促销优惠价等信息相告知。用户与商家之间的信息交互，可通过App和外卖机完成。

3）用户和商家确认订单后，外卖机即可打印纸质菜单给后厨和外卖人员（一式两份）。订单完成后，商家可通过外卖机通知用户外卖已经送出。

可以看出来，餐饮外卖O2O正处于快速发展阶段，上面五种模式各有各的优势，但是在发展过程中，也难免会步入一些误区。

发展误区

误区一：跑马圈地，抢餐厅

互联网电商的逻辑永远是做规模，而目前所有外卖O2O平台基本都是在为餐厅做导购平台，同一家餐厅既可以上美团，也可以上淘点点，餐厅成为众多平台跑马圈地的"战场"。而对于餐厅而言，选择进驻哪个平台，主要看哪个平台给的订单多、补贴多、佣金低、结算价高。目前主流外卖O2O平台所提供的产品与服务根本缺乏差异化，同质化竞争严重，经营往往处于被动状态，受制于餐厅。

误区二：烧钱补贴，抢用户

正因为投资机构对平台用户量、用户活跃度以及用户贡献值（销售额）的要求，"烧钱"似乎变成了各大外卖O2O平台抢夺市场最有效的方式，都在通过大力度的优惠和让利来吸引用户，企图抢占用户、培养用户习惯，从而形成垄断。而外卖属于高频业务，消费者对补贴也比较敏感，对于多数消费者而言，选择哪个平台下订单就看哪个平台上价格更低、补贴更多，缺乏消费者细分定位的主流平台，往往处于不"烧钱"是等死、"烧钱"又是找死的两难境地。通过"烧钱"所抢得的用户，尤其是在工作午餐市场，往往缺乏忠诚度，完全不同于打车市场的滴滴、快的等，其通过补贴抢用户的背后有着金融支付业务做盈利支撑，而在外卖O2O平台的烧钱模式下，用户价值转换与延续性想象空间有限！

误区三：自建物流，拼速度

目前外卖O2O平台除了搭建信息平台外，为解决当下餐厅商户快速反应慢、服务不标准、不可控等问题，多数在搭建以自有物流配送为核心、社会化物流为辅助的智能化物流平台，通过此举强化自身竞争力，甚至企图借此建立实时物流体系，延伸进入蛋糕咖啡、食品生鲜甚至日用百货市场的物流市场，成为未来社区电商与社区服务的入口。而自建物流体系所涉及的管理体系以及高额的精力、资本投入，也制约了企业的快速发展，不利于平台迅速扩张。

误区四：产品在外，健康安全不可控

打开电脑或手机App，动动手指，图片上一道道令人垂涎的美食就可以送到餐桌，这些设计师设计出来的美食，正是外卖O2O吸引人气和订单的招牌。但平台上的资源，也就是这些整合的本地餐厅与产品，食材是否健康？基本安全是否有保证呢？据调查发现，存在不少"网上高大上，线下黑作坊"现象，仅通过用户的评价系统来监控，力度显然是不够的，食品安全问题已经成为外卖O2O平台的发展瓶颈。

误区五：简单买卖，关系不牢靠

在移动互联网时代，如果平台和用户之间缺乏信任和强关系，那么当有更低的价格、更多的优惠出现时，消费者马上就会离你而去。目前外卖O2O平台多数仅仅解决用户吃饱的基本需求，用户缺乏参与感，这样的关系很难长久，平台无法真正地黏住用户，形成持续性购买。

总体而言，目前的外卖O2O依然停留在一个初级阶段，仅仅是外卖餐厅的信息聚合平台，而中国人吃饭除了满足温饱外，还有深层次的家庭关系维护、沟通交流的需求。目前的外卖O2O平台并没有很好地满足这些高层次的需求。

3. 寻找痛点，形成商业闭环

在此，我们不妨围绕着互联网餐饮生态链的关键节点展开研究，寻找痛点，看看餐饮外卖O2O生态链如何重构，并形成良好的商业闭环。

首先，我们必须思考：谁来吃？

这一个问题，相信每个餐饮企业在创立之初都考虑过，但是随着商业环境、商业模式的改变，这种定位必然会产生变化。

举个例子。前几年我经常出差去武汉，提到武汉自然会想到美味的热干面，在武汉，早上起来看到大街小巷都有上班族手捧着热干面边吃边走，我忍不住尝试，发现味道真的不错。有时开会晚了直接叫个热干面外卖，对热干面可谓真的是情有独钟，以至于我每次回来都会去超市买那种包装好的热干面。刚开始的时候，大家对于热干面主要定位于当地人或者说是在武汉生活的人群。随着商务、旅游人群的增多，为满足这些南来北往人的消费需求，生产袋装的热干面。这种改变形成了新的商业模式。

因此，对于餐饮外卖O2O来说，先要对外卖消费者进行人物画像，根据人物画像来确定我们的互联网餐饮商业模型。总体来看，外卖人群大体可以分为五类：在校大学生、都市白领、家庭主妇、独居老人、品质消费者。

关键词：懒、方便、忙、没人照顾、不会做

痛点1：不愿外出就餐，或者自己做饭

痛点2：没人照顾，不方便做饭

痛点3：工作忙，没时间买菜做饭，图省事

对于多数用户而言，叫个外卖是图省事、图方便，饿了么就是切入大学生市场，抓住大学生喜欢宅在寝室不愿出门，喜欢叫个外卖的心理特征而逐渐发展起来的。当然，我们也应该看到，大学生这部分人群的消费客单价低，但是有很强的消费

能力。事实上，过去一年的时间，美团、百度等几大知名的外卖平台都聚集在高校市场。有过大学经历的人容易理解，在学校的群居生活，原本消费频次高的餐饮更为集中，节省了大量物流配送成本，配送效率也要比白领市场高。

饿了么的首批客户是在校大学生，而紧接着的第二批主流客户群是中央商务区的白领，其中前者占比在六成以上，目前整个行业的客户群结构也基本以这两种人群为主。客户群年龄结构上总体以年轻人为主，其中 18~30 岁的年龄段人群占比在七八成以上。因为他们是成长起来的 80 后、90 后年轻群体，是伴随着互联网成长起来的一代人，对于互联网所带来的便利采取积极拥抱的态度，而且这些外卖平台也确实抓住了学生群居生活的特点以及一二线城市白领上班工作节奏快，没有时间买菜做饭，出门吃饭不方便等因素，为这类人群提供了便利。

然而，对于整个外卖O2O行业来说，最有待挖掘的客户群绝非仅仅是上述人群，还有比如中老年人群体。目前该市场开拓的主要障碍在于使用习惯，以及老年人对外卖的品类要求与上述两大主流客户群存在极大不同。大部分的老年人对于互联网的操作是完全陌生的，因此需要有子女或者他人的帮助才能实现外卖服务，并且对菜品的要求比年轻群体更高，比如说糖尿病患者，患有高血压、高血脂等老年人群，这对商家提供个性化的菜品服务也是一个极大的考验。

对于互联网餐饮企业来说，不是做得多大，规模有多少，而是能否从终端消费者的角度，深度感知他们的核心需求，来规划商业模式。某餐饮O2O外卖企业在短短5个月内订单破100万，覆盖近200个城市。与之相关的两个重要的数据是：原来只占30%的移动端流量直接增长至70%，团队人数破2 000人。这是一种好现象，但在这过程中，难免也出现了一些不尽人意的地方，比如说这些数据背后是通过补贴烧钱换来的，假如没有了补贴，数据还会继续增长吗？在盲目扩张的过程中，往往会忽略一些食品安全问题。最终，这些问题的积聚会影响企业的发展。

　　未来的互联网餐饮应该是更懂消费者，更贴近用户，所以当我们深入探讨"谁来吃？"这个问题后，应该针对某类消费群体做重度垂直化切分，有针对性地提升产品和服务价值，回归"民以食为天"的初衷，而非盲目扩张。相信，未来在"吃"上面最懂这五类人群的肯定才是O2O外卖餐饮市场笑到最后的成功者。

**　　接下来，我们要思考：在哪吃？**

　　或许你看到这个问题会微微一笑，因为今天都在讲一个外卖的问题，肯定不在饭店吃。

　　没错！

　　但是我们很有必要来研究这个问题，在互联网的影响之下，每一个个体的消费行为都是受到周围场景的影响而引发的。餐饮更是如此，大部分人在某个商圈活动，到了吃饭的时间了，势必会想到上团购网、大众点评网看看附近有啥好吃的，看看吃货们对商家的评论，来决定自己的消费行为。

同样，对于我们的外卖餐饮来说，在不同的场景下，吃货们的思考维度就会不一样，消费行为就会产生差异。

一般我们能想到的外卖场景有：宿舍、棋牌室、桌游吧、办公室、家、酒店、餐饮店等。

关键词：充饥，享受实惠

痛点 1：能够快速充饥，不耽误事情

痛点 2：在家买菜、配菜麻烦

痛点 3：店内客满需要等位

餐饮外卖最主要就是满足消费者的用餐便捷性，在吃饭的时候不用出户就能享受美味的餐饮服务。所以，对于在办公室上班的白领来说，快速送达是外卖服务的第一要务，一旦这种守时的外卖服务被满足，用户的订餐习惯被养成，黏性会提高，价格不是唯一考量的因素。假如说白领中午 12 点吃饭，吃饭时间就一个小时，而送达时间已经过了 13 点了，这个时候，饭菜再便宜，他们下次也绝对不会选择这样的服务了。因此，对于这样的外卖服务场景，消费者更多的是考虑一个物流配送体验。现在也有企业考虑到了这一点，已经搭建了能够实时向用户反馈物流信息的平台，降低消费者心理预期，同时也在团队内部建立了一套有效的考核机制，比如 12 分制等，提

高场景服务质量。

对于宿舍的大学生，在棋牌室打牌、在桌游吧玩耍的人来说，更多的是考虑性价比，而后是产品口味等，所以饿了么整合了线下大量的中低端餐饮企业，为这样一群人提供服务。这一类消费者的黏度较低，哪里便宜就去哪里消费。倘若在服务上、产品的品质上做提升，能够拉升更多的用户量。

同时，我们也要注意到，一些半成品的外卖能够解决一些家庭主妇生活中没时间买菜、不会配菜等问题，这又区别于工作时间仅仅能满足温饱的层面，是在追求更好的生活品质，这一类的外卖应该会受到都市家庭主妇的欢迎，能让她们既享受做菜的快感，又省时省力，而且吃得放心。前些年来发展火爆的年夜饭外卖，就是解决了大家准备年夜饭时间不足，或者说不会做、饭店没法预订到等尴尬问题，满足了一家人在一起吃年夜饭的需求。

目前绝大部分餐饮企业的外卖行为都是从己店到用户场所，随着互联网餐饮发展的不断深入，未来可能会延伸出己店向彼店提供服务的外卖O2O。比如说，在同一商圈，有的店非常火爆，但是有的店门庭冷清，此时对于餐饮企业来说，房租、人员等开支费用是固定的，倘若能够吸引那部分在彼店等位的顾客来己店消费，提升彼店的翻台率，也拉动己店的销售额，是一件非常棒的事情。这一种同行业的外卖场景转换，目前可以说是没有，但是不代表未来没有。

我们不断基于用户体验场景去开发产品、提供服务，相信互联网餐饮外卖会有更多的想象空间，不断提升用户的体验感。

我们还要思考一个问题就是：吃什么？

在回答"吃什么？"的问题上我想还是要回归第一个问题：谁来吃？

为什么这样说呢？

因为不同的消费群体，会有不同的饮食习惯，有不同的饮食标准。对于大学生来说，可能只要吃饱，经济实惠就可以；而对于都市白领来说，更希望能有更好的品质追求。所以在这里我想谈一个吃的品质问题。餐饮外卖的品质决定了这个品牌的影响力，因为外卖行为不像在店里面堂吃有服务员实时为消费者服务，即使有服务员服务的餐饮企业也会每每受到消费者的质疑和投诉。更不要说，餐饮外卖仅仅靠外卖物流和菜品、口味两个环节来赢得消费者的青睐。

关键词：口味好 能吃 健康 菜品好

痛点 1：在大量订单的配送下，保证菜品完整性

痛点 2：缺少高品质的产品服务

记得以前读书的时候，叫个外卖到寝室，从不会考虑说这个菜饭品相不好而挑三拣四，首先考虑口味怎样。但是，现在假如一个盖浇饭，菜饭混在一起，加上物流途中的颠簸造成品相难看的我绝对不会去吃。说到这里，我突然想起，现在全国

非常火的中式快餐店，他们的外卖会将菜装入一个个小盒子里，量虽然不多，但是如果同寝室几个小伙伴一起凑单多叫几个菜，不比在外面炒菜差。所以这种餐厅在很多城市都非常受欢迎。

可以说当下80%以上的餐饮外卖仅仅是作为一种产品销售方式，对于如何提供高品质的产品和外卖服务并未涉及，因为绝大部分的餐饮外卖集中在中低端市场，客单价低，品质服务要求不高，所以竞争异常激烈。

而对于一些追求高品质生活的人来说，这种外卖是很难接受的，或许偶尔会有所尝试，但也仅停留在尝试阶段，并不会产生深度黏性。这类人更加注重追求健康，更加关注外卖的原料是否绿色，加工是否卫生。所以，未来的竞争一定是中高端市场的竞争，很多O2O外卖品牌开始从校园市场转向都市白领，转而切入中高端市场。

面对中高端市场，O2O外卖餐饮企业需要整合上游优质的供应链，提供优质、健康的绿色健康食材，让消费者放心食用。同时，也要严把下游生产商能够按照要求去加工产品。既然是互联网下的餐饮，未来完全可以做到将外卖产品的原料供给，到后端的生产、配送各个环节呈现在消费者面前，打通传统餐饮生产各环节无法实现直面消费者的通道。让消费者能够吃得放心，还要喜欢吃，从而让互联网餐饮的优势显现出来，区别于传统的餐饮模式。

最后我们要思考：怎么吃？

很多时候，外卖产品送到消费者手中，整个外卖交易过程算是结束了，但完全可以继续再往下走一步，在互联网时代只有走到消费者心中，才能完全占据他们的心智。正如之前所言，假如说仅仅是停留在"送到"这个阶段的话，评价我们的服务只能是针对物流和菜品，而假如往下走一步，将我们的店内服务延伸到家里，会有很多的想象空间。

关键词：吃法　体验感　乐趣

痛点 1：品牌忠实度低

痛点 2：服务单一性

对于要考虑怎么吃的外卖，绝对不是仅仅停留在一份盖浇饭外卖的层面上，相对来说，这类客户面向的是中高端客户群体，他们更加追求时尚，追求自由，追求乐趣。

比如最近有一个叫"来一火"的火锅外送平台项目上线，短短一年多时间已经在成都建立了 7 个配送站，与成都本土近 100 家火锅品牌建立了合作，覆盖 300 家以上门店，包括蜀九香、大龙燚、川西坝子、芭夯兔、味蜀吾等知名品牌，月均订单过万。它的差异点在于，不是说把东西送到了，收钱后就走人。外卖人员还得教客户怎么去摆台，怎么使用锅具，怎么兑调料。更加重要的就是要介绍菜品，比如毛肚要烫多久口感最好，黄喉烫红锅好吃还是白锅好吃等。虽然不在店里，但是在享受便捷服务的同时，能够将店里的服务延伸到消费场景中。

餐饮外卖的大体量还是那些中低端的外卖市场，这部分消费人群基数最大，正因为这样，我们可以说餐饮外卖还处于初级阶段，有很多的服务和想象去做重度垂直化。跑马圈地的时代终究将过去，迎来的必将是在深度服务上做文章。

正如时下P2P市场异常火爆，有P2P贷款、P2P租车、P2P代驾等等，相信未来也可以实现P2P外卖，我们不仅仅是做外卖，而且可以将散落民间的"厨神们"召集起来，可以是一份成品的外卖，也可以是一份半成品的外卖。而对于半成品的外卖，"厨神"能够教消费者怎么做，让消费者能够体验御厨专享礼遇，还能学会做菜。目前，P2P外卖市场就有一个叫"阿姨厨房"的品牌，它通过召集下岗阿姨来为都市白领提供就餐服务。

有这样服务延伸需求的群体目前来说还是少数，当下很多企业从中低端市场转向开发中高端市场，相信不久的将来，这样有着深度服务的外卖餐饮会如雨后春笋般冒出来。

案例："malls猫市·台湾快食"

最近，我们发现了一个名为"malls猫市·台湾快食"的外卖平台，它所构建的一套商业模式，聚焦在某一领域做重度垂直，利用互联网的工具将产品、服务与体验做到极致。

刚刚落户上海的"malls猫市·台湾快食"，不仅仅是一个线上平台，其线下的实体店面积不大，不足 20 平方米，初看跟普通餐饮店似乎没什么差异，而且没有堂吃，消费者通过其 App 订餐，但在了解其背后贯通线上线下的运营系统与商业模式后，我们发现了它几点与众不同之处：

极致产品：超高性价比的五星级料理

台湾快食每一道产品都是由台湾食神杨姐亲自主理，食材上等，可溯源，中央厨房标准化生产，烹饪过程无任何添加剂，用零下 18 摄氏度的急速冷冻技术锁住美味和健康。

用户既能享受到御厨级料理，又不用付出高昂的价格，市场上卖 20 多元的卤肉饭在台湾快食就卖 12 元。

极致体验：好吃又好玩的线上线下体验

用户在台湾快食 OTO 体验店，用手机摇一摇，就可摇出免费试吃券，但每次只限一张，为了能尝到更多美味，用户往往会带朋友一起来玩。在门店扫码就送 5 元现金券，用户在门店自拍上传朋友圈，就可以获得一份台式焦糖布丁。

在玩的过程中，用户不但体验了产品，也获得了不少现金券，在决定要购买哪款产品后，只要在移动商城轻松一点，支付就完成了。用户可以选择自己带走美食，或者将美食快递回家（物流服务由顺丰生鲜提供）。

社群化经营：人人都是店掌柜

每家台湾快食店都是一个用户享受美食、分享故事、与食神互动的基地，用户无论在线下门店还是线上端（微信和移动商城），都能与老朋友分享并结识新朋友，台湾快食不只是一个外卖O2O平台，也是一个美食社交平台。

每个线下体验店都将形成一个500人的美食部落，在这个部落里，用户与门店不再只是冰冷的买卖关系。用户可以参与到新品研发，菜品取名，口味改良，甚至可以来当半天店小二，这是一家属于用户的店，人人都是店掌柜。工厂、门店和用户之间形成一个全新的生态圈，在这个生态圈里，用户的黏度是极高的，同时，用户也已经兼具消费者和经营者的双重身份。

这种经营理念最终会将B2C模式升级成C2B模式，降低企业在各经营环节面临的风险，同时满足用户的个性化需求。

台湾快食：社区超级入口

基于人人都是店掌柜的经营理念，台湾快食连接的是社区、社群与猫市大平台，而猫市大平台今年将开出20种品类店，如服装定制、酒水、茶叶、特色农产品、文化创意产品等，满足社群多维度的需求。

台湾快食搭载通路快建未来商店OTO系统以及基于用户的超级CRM系统，经过大数据沉淀，最终后台会掌握每个用户的年龄、职业、住址、浏览行为和购买行为等，比用户更了解用户，为用户提供人性化、智能化的精准推荐，降低用户的时间成本。

拥有了社区超级入口，台湾快食作为一个新型的外卖O2O平台，背后的想象空间远超现有的外卖平台，让我们拭目以待。

可以看出该品牌在商业模式上所做的多重升级，有别于传统的外卖O2O平台：

第一，在目标人群定位上，与那些跑马圈地的中低端市场做了区隔，瞄准了追求生活品质的中高端市场，准确回答了"谁来吃？"这个问题。

第二，有了这样的人群定位，这个品牌的终端消费场景以家庭为核心，就像他们提出的，主要是致力于每个家庭的健康幸福生活。从这个方面来看，这个品牌未来的发展空间要比专注于校园市场、商圈市场的更大，他们可以提供更多的衍生服务，满足消费者在这种场景下的体验感。

第三，目前市场上的外卖餐饮大部分都是眉毛胡子一把抓，企业做得很累，消费者看到林林总总的外卖平台也很容易迷失方向。而这个品牌改变传统粗放式的跑马圈地模式，升级为精细化的经营核心粉丝模式，专注于喜欢台湾美食的核心消费者，回答了"吃什么？"的问题。

第四，现在大部分的外卖平台都在依托投资者，靠补贴、优惠抢用户，而这阵风过后能够沉淀多少客户呢！台湾快食让我看到了它从追求整合资源数量到追求与餐厅、厨师、品牌进行深度合作，牢牢把控菜品质量。它能够告诉消费者"怎么吃？"能够针对不同用户的近期身体健康指数、饮食偏好与家庭结构等，推荐不同的营养膳食，提供个性化的健康饮食方案。

可以说互联网是一种生活方式，它不断地改变着我们生活中的每一个环节。餐饮外卖在与互联网融合的过程中，不必刻意追求"高大上"，而是要"接地气"，把落脚点放在满足消费者的需求上。不管未来创造出怎样的新服务、新模式，互联网餐饮只要能够切实让消费者更加愉快地消费，提升生活品质，帮助餐饮企业把生意做得更好，我们都应该支持，而且可以不断追求创新。因为互联网给了我们这个时代更多的想象空间，完全可以在这片天空下干好一番事业。

malls猫市·台湾快食简介：2014年10月上海通路快建网络服务外包有限公司总裁林翰先生在上海发布未来商店，同年12月他在北京发布了malls猫市。猫市目标成为继天猫、京东后的第三大本地化电商平台，搭载全球领先的未来商店OTO系统，整合上游优质供应商，为用户提供超级产品和服务，让用户省去筛选商品的烦恼，放下对于产品质量的担心，随时随地享受购物的乐趣。2015年猫市将推出5个品类店，全国布局1 000家猫市线下OTO体验店。

通路快建董事副总裁

黄云生

第九章

"互联网+"物流

1. 互联网的本质

互联网的本质是信息的获取和交互，也可以理解成传统信息化的一种延伸和扩展，可以说传统的信息化启蒙了互联网化，互联网深化了信息化。传统的信息化建立数据的电子化，并在某个局部应用信息化工具，软件实现了数据的交互，并利用数据获得了更多有价值的服务，包括数据的分析、数据产生的管理等。但信息化更多的是某个组织局部的数据交互和数据应用。正是有了互联网的广泛应用，把这些局部的信息化扩展成更大范围的数据获取、交互和应用。这就是互联网的本质。所以互联网对各个行业的影响也必然围绕着数据的获取、交互、应用而产生。同时，随着信息化的不同成熟，互联网的广泛应用，数据质量得以提高，数据数量大幅度扩大，互联网可以获得更为结构化、更为准确的、更大数量的数据，并可以在更多的组织和个人间进行数据的传递和交互。

2. 物流行业的分类

物流是一个基础性的服务行业，涉及很多领域，和国民经济的很多产业都有密切的关系。中国的物流行业随着中国经济的快速发展，规模也日益扩大，但物流管理和运营水平却一直是裹足不前，没有看到和规模同样快速的发展。近年来电子商务的爆发式增长，有力推动了物流的发展，但反过来，物流行业的运营水平却制约了电子商务的发展，成了目前最大的一个瓶颈。

从物流业务的不同特点来看，物流行业可以细分成几个主要的不同业务模式：

国际货运代理业务

国际货运代理主要是指为跨国贸易提供相关的空运和海运的代理服务，是一种介于货主和承运人之间的业务代理模式，针对特定客户提供一整套的空运海运服务，包括进出口报关、商检、装箱、拼箱、国际运输、分拨配送等不同的服务。

随着20世纪末兴起的全球化浪潮，国际货运代理业务出现了爆发式的成长，特别是中国成为全球的制造中心以后，和中国相关的空运海运需求持续快速增长，21世纪的头十年是国际货运代理发展最快的十年，很多跨国物流公司纷纷进入中国，开展相关业务，并持续获得高速的业务扩展。由于在这一轮的全球化过程中，欧美企业是主要推动者，欧美国家的物流公司也成为主要的受益者，逐渐建立起了全球化的货运网络。

合同制物流

所谓的合同制物流，是指货主企业通过业务合同的方式将本企业的所有物流需求委托给某个特定的物流公司进行管理和运营，合同制物流更多的是指在某个国家或地区内的仓库和运输管理服务。

合同制物流的发展是和外包理念的推广直接相关的。欧美国家更早地接受了这样的理念，物流业务也就更早地开展起来，在这过程中，积累和沉淀了很多知识和方法。国内的社会化物流服务是随着改革开放的推动而发展起来的，一开始更多的只是外包运输业务，慢慢才有企业考虑外包仓储业务。外资企业更容易接受外包的理念，所以也就更多地推动了合同制物流的发展，比如宝洁早期的物流服务商宝供就是一个典型，宝洁的业务造就了宝供物流业务的建立和发展。从事合同制物流的企业也通常被称为第三方物流公司。

公路运输

公路运输有两种常见方式：零担运输和专线运输。

零担运输是指在公路运输领域，为客户提供非整车运输的零散货物运输服务。通常来说，有一定规模的企业会倾向于按照合同物流的方式外包物流业务给相关的物流企业，而中小规模的企业由于其物流需求比较零散，按照合同物流的方式来运营比较困难，比较适合的外包方式就是零担运输。德邦、天地华宇等企业是国内典型的零担运输企业。电子商务的发展对零担运输有一定的推动作用，增加了潜在的业务需求。

专线运输是指物流公司专注于服务某一条或数条运输线路，比如专注于上海到北京的运输服务。专线运输的客户群既有中小规模的企业，包括中小规模的批发商，也承接合同制物流公司分包的公路运输服务。所以专线运输和零担运输、合同制物流都有交叉的业务关系，或是竞争，或是上下游关系，同时也存在一定的互相协作关系。除了快递和零担运输以外的绝大部分公路干线运输货量，都是通过专线运输公司和个体司机来完成的。

快递

快递业务大家都比较熟悉，主要是指物流企业通过空运、陆运等不同运输方式，快速递送客户委托的文件或小包裹等小型货物。经过多年的发展，逐渐形成了所谓顺丰和"四通一达"的六家大型本土快递企业，当然国内最大的快递公司是顺丰。电子商务的发展极大推动了快递的需求，特别是在电商销售的旺季，比如双十一，快递公司的业务也就水涨船高，经常看到爆仓的现象。由于电子商务的交易对象是个人，购买的货物也是少量的，所以电子商务产生的物流需求大部分都适合快递这种类型的服务。但是由于快递服务是以上几种物流服务类型中收费最高的，快递高昂的费用也会在一定程度上制约电商的进一步发展。

3. 中国物流行业的现状

三十多年的发展，造就了中国的经济发展奇迹。经济总量的提升必然带来货物周转量的增加，自然导致了物流需求的扩大。简单来说，中国是一个物流大国，但不是一个物流强国。中国物流行业的现状可以总结为以下几个字：大，散，乱，低。下面我们一一加以说明。

物流行业规模大

根据中国采购和物流联合会的统计报告，2014 年的社会物流总费用达到 9.7 万亿元，社会物流总费用与 GDP 的占比约为 17%。这是一个巨大的市场，而且每年还在以不低于 GDP 的发展速度不断扩大。从全球范围来看，中国在铁路货物发运量、港口吞吐量、道路货运量等方面都位居世界第一，航空货运量和快递量位居世界第二。在全球十大港口排名中，中国包揽了其中的七个，上海港稳居全球最大港口的位置。从物流市场规模、物流业务量来看，中国是毫无疑义的物流大国。

物流企业规模小，分散，行业集中度非常低

虽然中国物流市场总量很大，但具体的物流企业规模都还比较小，整个物流行业呈现出"散"的特点。以国内公路运输来说，全国大致有几百万台卡车从事长途干线的运输服务，但登记在册的物流公司也达到了百万级的数量水平，平均下来一家企业只有几台车。另外，也曾有数据表明，前十家最大的公路运输企业的市场份额不超过 1.28%。

物流行业是体现出规模经济性的典型行业，规模越大，运营成本越低，竞争力越强。从全球物流行业的发展来看，最近十年出现了大量的兼并和收购，德国的DHL收购了英国的Exel，但Exel之前又收购了英国的天美百达，在这之前Exel本身也是两家公司合并的产物，分别是Exel和同在英国的海洋集团。还有德国的辛克物流收购了美国的伯灵顿公司，基华物流收购了美国的EGL物流公司等等。

中国物流行业分散的特征，一方面说明了行业处在演化的早期，随着行业的发展，集中度必然会上升，物流行业存在着

整合的机会；另一方面，也说明了中国的物流行业存在很多阻碍集中度上升的特殊因素，导致了行业的正常演化受阻。

物流市场比较无序，缺乏规范

伴随着物流行业"散"的特点，物流行业也呈现出"乱"的特点，这两者之间本身就有一定的关联性，太过分散的市场，企业规模小，违规成本低，管理成本就高，就容易出现乱的现象。比如运输车辆的超载就是一个典型，超载不仅违规，也违法，但是在目前的运输市场，超载是个普遍的现象。

计划经济时代，物流是从属于特定行业或者特定企业的内部服务体系，比如以前的商业储运公司是为零售百货企业服务的，很多企业也都有内部的车队和仓库。对于当时的中国来说，物流是个新事物，是随着改革开放和外资企业的物流外包需求而产生的新业务形态。当时没有归口管理的行业主管部门，物流行业的发展更多的是野蛮生长，每个地方每个企业都是按照自己理解的物流来制定业务流程、工作方法，这样就造成了行业没有标准，没有规范。物流行业又是个需要多方协作的业务，货物的流转涉及不同主体，没有标准自然就导致了很多额外的成本。比如说托盘的标准化，没有统一规格的托盘，每个企业采用不同规格的托盘，在物流过程中会造成大量的额外人工成本和效率降低，最终导致较高的物流成本。

物流企业管理水平较低

中国物流行业的技术水平和管理水平的低下，也是和物流企业规模小、行业乱的现象有关联。物流行业发展的早期，物流服务是稀缺能力，物流服务是供不应求的，客户常常要求着物流帮忙，来帮助运输他们的货物。在这样的环境下，物流资源就是能力，比如铁路的车皮、公路的车辆、存储的仓库，有了这些物流资源，就能获得业务，就能产生盈利。这时候是没有人关注技术和管理的。随着物流行业的进一步发展，更多的企业进入这个领域，竞争变得越来越激烈，中国的物流行业进入了一个价格竞争的时代。物流公司的客户，我们可以笼统称之为货主企业，对于他们来说，物流需要达成两个目标，一个是货物的交付，另一个是更低成本的交付。通常货主企业都要求物流公司每年要降低 3%~5% 的物流总成本，这样的观念导致了物流行业持续的价格竞争。可以想象，在一个规模相对较小的物流企业，面对激烈的价格竞争市场，首先考虑的是生存，如何获得更多的客户，如何更快更直接地降低成本是通常的管理目标，更长远的技术和管理再一次被遗忘了。

物流行业有规模经济的特点，首先，一个物流企业要做强，必须要做大。其次，物流的服务是通过人员实现的，不管是运输还是仓储，大规模的人群协同来提供服务，管理就是核心竞争力。如果管理跟不上，一旦规模做大，问题马上就跟着出现，服务水平很快就会下降。管理能力是制约目前国内大物流公司进一步扩大规模的主要原因。

本人早年一直在欧美物流企业工作，也在很多国家参与了物流项目，接触了大量的先进物流技术和管理方法，比如仓库规划方法、仓库管理技术、运输优化技术、物流网络规划技术等等。这些技术和方法15年前在欧美就已经是成熟的工具了，当时就得到了广泛的应用。但是比较遗憾的是，国内物流行业到目前为止，还没有完全地了解和应用这些方法。国内很多企业的物流决策都是拍脑袋决策，而不是基于科学的理性判断。

物流行业这种相对较为落后的状况，是由多种原因造成的，比如地方保护主义、主管部门的多头管理、行业自身的野蛮生长、从业人员的技能水平、市场的价格竞争等等。中国经济的持续增长，制造业的转型升级，都需要高水平、规模化的物流能力作为支撑和保障。

4. 互联网对物流的影响

互联网能为物流行业带来什么？首先，电子商务的爆发是推动物流发展的新动力，物流是电子商务发展的瓶颈，电子商务要获得更大的发展，现在要解决的就是物流问题，所以最近几年资本对于物流领域非常关注，也验证了这个判断。其次，互联网的理念和技术是帮助物流提升和转型的工具和方法。造成目前物流行业问题的一个主要原因是信息不对称，互联网是解决信息不对称最有效的手段和工具。另外，物流业务中也涉及大量的数据和数据的传递，这也是互联网技术可以带来巨大帮助的地方。所以，互联网不仅是推动物流变革的动力，还是协助物流变革的工具和方法。

互联网的本质在物流业的体现

获得更多的质量更高的数据

互联网出现之前，数据就已经存在，由于数据的价值还没有被充分理解，数据零散，没有结构化，很多数据产生之后没有保存，直接就流失了。由于没有联通数据的互联网通道，很多数据都是局限在某个组织或者个人，没有实现更大范围的流动。随着数据价值被认同，数据的产生更为结构化，互联网则是加速了数据的流动。

减少信息孤岛

互联网的本质就是信息的联通，正是有了互联网，才极大地促成了物流参与者之间的数据联通。物流是一个多方参与的运营过程，所谓的第三方物流，就包括了交易的两方和运营物流的第三方。物流是一个日常化的操作，需要数据的交互，而且是实时的交互。互联网必然会减少物流运营中的信息孤岛，未来的物流运营者如果不能融入这个数据的海洋，必然会被行业淘汰。

减少信息不对称

信息孤岛本身就造成了信息的不对称。物流行业存在着大量的信息不对称,各地停车场里面的"黄牛"是典型的利用信息不对称获利的例子。但是这种信息不对称导致了整个行业交易效率低,运营主体之间协同效果差,运营水平低。

提高信息传递和交互的效率

由于物流业务的特点,在没有互联网的情况下,也需要信息的传递和交互。这种信息的交互体现为电话和传真,出现互联网以后也有通过电子邮件来传递信息的。但这些信息的传递方式都是低效的,需要大量的人员参与,而且都是简单的重复性的工作,完全有可能通过互联网的应用来加以代替,从而提高效率,减少人员,降低成本。

物流大数据的更多应用

就像上文提到的,更多的更高质量的数据的广泛流动,将为大数据的应用提供更好的基础。国外很多成熟的物流技术在国内应用中最大的困难就是没有数据,或者数据质量不高。如果有了这些数据,这些先进的技术将更快地在国内普及。更为重要的是,这些数据还会孵化出更多目前还没有的应用、产品和服务。

互联网对物流需求带来的影响

互联网给各行各业带来了深刻的变化。企业的传统销售渠道通常都是按照分销到零售的模式，最初的时候可能还要经过几层的分销，从全国总经销到省级经销商，再到地区代理商，最后是零售商。阿里巴巴这样的电子商务平台颠覆性地改变了传统的销售渠道，企业可以通过网络直接和消费者沟通和互动，直接销售。传统企业拥抱互联网是一种必然，而不是一个选择。分销渠道的扁平化有助于提高分销的效率，降低分销的成本，是有利于整个社会运营效率的。B2B和B2C模式下所产生的销售订单有个巨大的差别，就是货量变得越来越小了。在传统批发模式下，批发商的订货量相对是比较大的，是规模性的，但电子商务环境下个人消费者的订货量肯定是少量的，甚至是单个的。这些销售订单的交付就是物流需求，可以这样认为，电子商务环境下的物流需求相对于传统的分销模式，是更为碎片化的。物流行业内的人士也表达了同样的观点。快递、零担运输这些更适合电商模式的物流模式得到了更快的发展，而整车运输、合同制物流这些更适合传统需求的物流模式的发展速度相对就慢一些。

互联网给物流运营带来的影响

互联网和大数据可以帮助更好地规划和指导物流运营

电子商务企业和传统企业的一个很大区别是业务数据的完

全电子化，而且这些数据是结构化的，甚至是实时的，这就为大数据的分析应用提供了很好的基础条件。一个物流体系的运营效率不仅仅体现在日常的运营管理上，很大一部分在规划这个物流体系的时候就已经确定了。举例来说，一家企业有两个实体工厂，销售给全国无数的终端客户，那么应该在全国设立几个仓库，分别位于什么城市，才能既保证服务好终端的客户，又能确保运营的成本是最低的？这其实是一个典型的物流网络规划的课题。业界有成熟的规划工具，但需要大量的运营数据才能运算出最优结果，在互联网的业务下，这些数据的获得就变得非常简单，而且数据的质量很高。一个典型的网络规划通常能带来 5%~15%的运输成本的降低，这将给企业带来巨大的竞争优势。另外，运输的大数据分析还可以帮助发现运营的潜在问题，指导并改善运营的质量，运输车辆的GPS数据就可以用于分析车辆的行驶轨迹、行驶线路特征，从中可以发现运输的改善空间，或者现有运营中的问题。

互联网技术可以更好地做到物流的协同运营

物流是一个需要多方参与的协同运营过程，仓库需要和卡车司机协同，确保卡车来提货时货物已经准备完毕，卡车送货时也需要和收货人协同，确保送货时收货人在收货现场。特别是在公路运输行业，由于涉及不同的运营主体，一个运单的运营过程需要经过若干个运营实体的协作，这中间大量的运营数据需要传递和交互。在现有的运营模式下，每个运营主体都是一个信息孤岛，彼此之间的信息交互都是通过电话、传真、邮件等方式实现的，每次信息的传递都需要重复的信息加工，导致了大量的人力浪费，如果能够引入互联网的理念，把这些信息孤岛连接起来，打通信息交互的渠道，那么这个行业的运营格局将被完全重塑，运营效率将大大改善。

互联网会加速行业内企业的优胜劣汰

当前的物流行业是比较无序的，所谓无序也就是说鱼龙混杂，市场缺乏一个机制来区分服务的优劣，造成这样状况的原因是多方面的。行业碎片化，规模太小；缺乏品牌意识，导致优质的服务无法有效地被识别和传播。另外，行业的信息化水平比较低，服务水平的优劣没有展示和对比的平台，每个企业只是知道和自己有业务关系的一些企业的情况，对其他更多企业的情况是不了解的。随着互联网应用的普及，信息传递的加快，可以推动行业的优胜劣汰，引导资源更多地汇聚在优势领域，也会有助于物流企业的规模化。

互联网会推动物流运营的规模化

物流运营的核心是持续地获得规模经济的优势，最大化地在每个运营环节获取规模经济性。互联网的信息集聚和加速流动的特征，会帮助物流企业获得更多的信息，物流企业就有更多的机会和可能性来进行资源的匹配和协同，从而提升相应环节的运营规模。比如，更多的货物信息将有助于车辆装载率的提高。这种运营的规模化既体现在出现更多类似于顺丰快递或者德邦运输的物流巨头，也体现在中小物流企业的日常运营环节上，比如车辆的装载率，最后一公里配送的单位面积内的订单数量。

互联网会提升物流运营的效率

物流的竞争能力一部分就体现在运营的效率上，上文的物流运营的规模化也是效率提升的一种表现，运营中的协同也可以提高运营的效率。

互联网将推动物流行业产生新的业务模式

随着传统企业更多地应用电子商务的销售模式，逐渐形成了传统销售模式下的物流体系和电子商务模式下的物流体系，两个相对独立的物流体系，对企业来说是不经济的。如何才能将两个渠道的物流需求整合在一起运营，这就是最近的一个热门话题——O2O模式下的物流运营体系。这种新的运营模式，既不像是传统分销模式下的物流运营，也不同于单纯电子商务下的物流运营方法，是一种介于两者之间的运营模式。但目前还不成熟，很多企业都还在摸索之中。

即使是单纯的电子商务模式，一开始的时候，电商企业的运输大多是交给快递企业去做的。但随着销售规模日益扩大，高昂的快递成本就成为一个突出的矛盾。目前已经有新的业务模式出现，尝试按照更为经济的方式来帮助电商企业做物流运营，把电商的运输从快递改成零担运输，这个模式也是在摸索之中，还没有看到成熟的案例。

除了上述的运营模式创新外，互联网思维也会带来物流领域新的商业模式的创新。比如360的免费模式、阿里巴巴的平台生态圈模式，都有可能被嫁接到物流领域。当然，还会产生很多我们目前还没有想到的全新的商业和运营模式，我们拭目以待。

除了以上提到的一些共同的影响之外，下面我们就每个特定的物流细分市场，逐一加以说明。

国际货运代理

国际货运代理是为跨国贸易服务的，日常业务运营中也涉及不同国家之间的沟通，所以在这个领域，很多企业都有运营管理软件，这些软件本身就有很多数据的交互，已经是一种互联网的应用了。另外，由于在货运代理企业和承运人之间存在交叉业务，比如某个客户委托给DHL的海运业务，其中既有马士基作为承运人的欧洲线业务，也有总统轮船作为承运人的美国线业务，在这种情况下，还需要进行企业之间的数据交互。由于货运代理企业和承运人都是有一定规模的公司，都有各自的软件系统，大都做了系统之间的数据交互接口。

互联网将有助于货代领域的信息进一步集成和交互。在某一个运营环节的横向信息整合，比如报关服务，可以获得该环节的价格对比、服务水平对比。比如汇聚所有货代企业运营信息的综合查询入口，让客户更方便地了解货物位置和状态。比如在集装箱拼箱方面，是否可能做到更多货物信息的交互，提高拼箱的效率。

合同制物流

正如前文提到的，合同制物流是面对大中型企业客户，围绕客户的具体业务需求，制定个性化的解决方案，并按照合同方式建立长期的业务关系。合同制物流的主要特点是个性化。个性化的业务一般来说，是比较难和互联网结合的。

合同制物流的个性化比较多地会体现在仓库管理方面，需要根据客户的业务需求规划适合客户的仓库，并建立独立的运营团队。在仓库管理中，会使用相应的管理软件，一般简称为WMS，即仓库管理系统。仓库管理是一个相对封闭的系统，管理的是四堵墙之内的事务，除了接受业务指令之外，大部分的操作都是在仓库内部完成的，在这种运营需求下，仓库管理系统更适合基于本地服务器的应用软件，而不是基于云端的开放式平台。

合同制物流中的运输部分就差别很大。在具体的运营过程中，合同制物流的运输业务都是转包给专线公司来完成的，绝大多数的合同制物流企业是没有干线运输车辆的，部分企业有一定数量的车辆，都是用于本地的提货和配送服务。由于公路运输有很多的交叉业务关系，既涉及合同制物流，也涉及零担运输和专线运输，互联网对公路运输的影响，我们将在下文统一阐述。

公路运输

公路运输是个生态圈，不同规模的货主企业把业务外包给不同类型的物流公司，而这些物流公司之间又存在互相协作和竞争的关系。

公路运输的一个重要特征就是，这一个多方协同的运营过程。一个大型货主企业将物流业务按照年度合同的方式外包给某个第三方物流公司，第三方物流公司又按照不同的运输线路把业务分包给专线公司，专线公司最终把来自不同客户的货物整合成整车，然后委托给某个个体卡车司机。在这个生态圈中，第三方物流公司围绕货主企业提供了一体化的整合服务，把货主企业不同线路的运输货物全部承接下来，代表货主企业来整合管理专线公司的运营，可以把第三方物流公司理解成货主企业的整合者。而专线公司则是帮助个体司机整合来自不同客户的货物的，承接来自不同第三方物流、中小规模企业，甚至是同行之间的特定运输线路上的货量，集成整车运输，然后通过个体司机实现具体的运输过程。我们可以把专线公司理解成代表司机进行货物整合的运营主体。这样货主企业的小规模多线路的运输需求，和司机的大规模单线路的运输能力，通过第三方物流和专线公司进行了充分的货物交换，既满足了需求的多样性，又满足了运营的规模化。

这种多方协同的运营过程，以及需要充分货物交换的运营特点，都是非常适合互联网的，互联可以给这个领域带来巨大的深远的变革。我们在上文也谈到，现在运输生态圈的大部分企业都是一个个信息孤岛，一个运单的运营过程需要多次的信息传递、交互和反馈，效率很低。如果我们可以引入一个整体的互联网平台，所有的信息都放在这个平台上运营，信息的传递和交互就会方便很多，信息传递和交互的成本将大幅下降，效率会显著上升。

除了联通一个个信息孤岛之外，在第三方物流和专线公司之间的货物交换也非常需要互联网的帮助，充分的货物交换是基于大规模的信息交流，交易双方获得的信息越多，交换的效率就越高。在目前的运营模式下，每个第三方物流公司在特定的一条运输线路上，都是和一两家专线公司有限的合作关系。专线公司也是和特定的几家物流公司合作，所以信息的交互是有限的，局部的，小规模的。自然交换的效率也不会很高。如果引入互联网的概念，可以大幅度提升信息交互的规模，有利于更高效率的货物交换，获得更多的整车运输，或者更快地整合成整车运输。

所以，我们认为在公路运输领域，互联网将会带来巨大的变化，会推动这个领域的转型升级，有助于公路运输更为有序、规模化和合理化。

快递

快递行业已经处在一个集中度比较高的状态，形成了四通一达加上顺丰共 6 家大型快递公司，行业格局基本成形，由于这些企业具有较大的规模，在内部已经建立了相对完善的运营系统。互联网可以帮助这个行业实现更为集中的信息交互和汇聚，比如可以产生汇聚所有快递公司数据的查询平台，客户可以通过一个入口查询所有的快件状态。

5.“互联网＋”物流面临的障碍

诚如上文所说，“互联网＋”物流会产生很多额外的价值，会给物流行业带来很多新的变化，新的机会。但是，这些美好的未来还没有成为现实，我们需要更理性地来思考，如何从现实的困境走到美好的未来，在这个过程中，有哪些障碍需要克服，有哪些基础条件我们需要预先来创造？下面就来谈谈可能会遇到的障碍。

行业的基础性标准化工作

一个需要多方协同的工作，就需要基础的标准化规范。不然的话，互相之间的沟通就是“鸡同鸭讲”，只有沟通的语言统一了，沟通的效率才会高。物流行业的标准化有很多内容。首先，物流术语的标准化，运输中的车辆指派，有叫计划的，也有叫调度的。其次，设备的标准化，比如仓库中的托盘，目前能看到 1 米 × 1.2 米的，也有 0.8 米 × 1.2 米的，1.2 米 × 1.2 米的，行业需要提出明确的标准化规范。只有统一了标准，不同操作环节之间才能更有效地衔接。最后，数据的标准化，标准化的数据定义和格式是数据交互的前提和基础。

数据的电子化

就像财务系统实施之前，财务领域做了很多年的会计电算化。会计电算化并没有实现财务管理的职能，却为财务软件的实施提供了必要的基础。物流领域也需要快速普及数据和信息的电子化。国内大量的中小规模物流企业还有很多是通过传统的电话、传真或者邮件的方式来操作业务的，很多数据还是停留在纸面上，而不是软件里。没有数据的电子化，就无法通过互联网进行数据的交互。

运营的规范化

流程是管理运营过程的一个方法。总体来说，物流中的仓储和运输是相对标准化的操作，这两个领域都有相应的管理软件——仓库管理系统和运输管理系统，这些软件都是基于一定规范流程的管理工具，在国外应用很普遍，实施也比较简单，很多功能通过配置就可以实现。国内的情况完全不一样，很对物流企业都要求这些软件要根据企业的实际操作流程做定制化开发，这本身就说明了流程的不规范。正确的做法应该是梳理出合理的流程，配合标准化的软件来实现规范的运营，而不是修改软件来配合不规范的流程。不规范的流程也会导致不同企业之间协作的困难。只有行业形成了相对规范的运营方法，才有利于更好地利用软件工具来管理运营过程，也有利于物流企业之间的协同和协作。

物流、供应链专家
虞毅峰

第十章

"互联网＋"文创

文创，我们查看百度词条的解释是：一种在经济全球化背景下产生的以创造力为核心的新兴产业，强调一种主体文化或文化因素依靠个人（团队）通过技术、创意和产业化的方式开发、营销知识产权的行业。主要包括广播影视、动漫、音像、传媒、视觉艺术、表演艺术、工艺与设计、雕塑、环境艺术、广告装潢、服装设计、软件和计算机服务等方面的创意群体。简言之，就是在文化这个领域内创出新意，或是指文化创新的成果。国务院在"加快数字内容产业发展"中提出将推动文化产业和服务的生产、传播、消费的数字化、网络化进程，强调文化的内容支撑、创意提升。深入实施国家文化科技创新工程，支持利用数字技术、互联网、软件等高新技术支撑文化内容等，提升先进文化互联网传播吸引力，深入挖掘优秀文化资源，打造民族品牌。

1997 年英国时任首相布莱尔领导的工党内阁首次提出推动创意产业，同一时期，遭遇亚洲金融风暴的韩国，在总统金大中主导下也开始在电影与数位等领域发展文化内容产业，并成立文化内容振兴院，通过文化内容振兴法。文创在我国已有 10 多年的发展历程，经历了从无到有，从眼球经济、注意力经济、耳朵经济到创意经济的过程。

阿特金森（Atkinson）和科特（Court）在 1998 年明确指出，新经济就是知识经济，而创意经济是知识经济的核心和动力。"创意"包括两个方面。第一是原创，第二就是创新，它的意义在于虽然是别人首先创造的，但将它进一步地改造，形成一个新的东西，就可以给人新的感觉。文创产业具有高知识性、高增值性和低能耗、低污染等特性。近年来，文创正在与互联网发生交融，走新型产业化道路。用互联网思维重构文化价值链，重新思考文化产品的生产流程、服务模式和业态形态。"互联网＋"文创便是这种创意经济，是科技文化化和文化科技化的高端创意产业。

互联网提供了广阔的平台和极低的门槛，让每个人都可以轻松地展示自己的创意，如今已成为文创产业的发源地和试验场。各种社交服务平台，聚集了极具创意头脑的人群，为他们提供了交流和互相促进的条件，也带来了文化产品生产环节的创新。从前把一个创意概念变成一个乃至一系列产品需要投入大量的人力物力成本，这种"推式文化价值链"在大量投入后是否可以被广大消费者接受，预期的商业价值能否得到实现，投资者都要背负巨大的风险。然而，在数字时代，一个创意如果能够在互联网展示中被大众广泛地接受，被不断地传播，并创造点击纪录，那么投资的风险就会大大降低。这种"拉式文化价值链"同样从生产端发力，根据受众行为习惯，通过分析来定制产品。再利用网络，通过分享和互动，让消费者对产品产生情感和期待，并持续地根据用户的反馈，来调整产品，使用户获得极致的体验。这里不仅是生产环节创新，也是市场营销环节的革新。

互联网用户因为共同爱好而自由群聚，用户的文化需求在动态聚集的过程中得到充分释放，文化产业表现出前所未有的活力。中国电影市场自 2001 年以来，票房从 9 亿元规模增长到 300 亿元。中国游戏市场用户数量从 2008 年的 0.67 亿发展到 2014 年的 5.17 亿，与此同时市场规模从 185.6 亿元迅速扩容至 1 144.8 亿元。各类资源在大数据指导下，在文化产业不同领域间实现高效市场化配置，仅资本层面，2014 年文化产业并购就超过 160 起，涉及金额超过 1 000 亿元。

过去分裂的影视、戏剧、艺术、动漫、游戏等领域，在互联网用户消费的驱动下，单一运作模式被打破，跨界衍生成为常态，通过开展跨平台的业务合作，文化产业运作模式在创新融合中竭力实现产业价值的最大化。2015 年以来，以 BAT 为首的互联网公司大举进军文化产业，阿里影业、百度影业、腾讯文学相继成立，艺术电商如雨后春笋般出现。已经上市的影视、游戏等文化企业也凭借各自优势资源及创新技术多元布局文化产业链。

1."互联网＋"影视

在各视频网站规划的电影版图中，无一例外地都提到了培育优质IP，用大数据指导剧本策划及演员选择，在线电影营销，粉丝互动，预售电影票，衍生品开发等一系列动作。

在休闲场所里聊电影是很多电影人的习惯，越来越多的互联网作为新生力量开始走进这些聚集场所。在电影论坛、微信群里，会看到传统影业的人呼叫视频等网络视频公司人士，主动寻求合作。

互联网对传统电影业的改造和颠覆正如火如荼地进行着。

在互联网思维中，电影是产品，而观众是用户。随着互联网经济的深层次介入，传统电影的行业模式和游戏规则也发生着潜移默化的改变。电影产品网民化，电影生产网络化，电影营销社交化，电影文化部落化，电影市场多屏化。

同时，越来越多的新词进入了电影行业。

IP（知识产权，Intellectual Property），系列电影，畅销作品

在欧美，市场反响好的电影，都会拍摄续集，这就是"系列电影"（franchise）。《蜘蛛侠》、《速度与激情》拍完三集，还可以再拍三集，这就是统治全球票房的所谓超级大片。这就是IP，围绕作品产生的市场价值，在不同的媒介形式中转换，在商业领域进行反复开发。迪士尼是运作IP的高手，自1929年米老鼠的形象出现后，通过角色授权，米老鼠和其他卡通人物为迪士尼带来源源不断的收入，衍生品提供的收益远超过电影本身。

电影《万万没想到》最初是优土的网络迷你剧，团队集结了叫兽易小星、cucn201白客、刘循子墨、cucn201小爱、林熊猫、至尊玉、老湿_alwayswet等网络红人。他们混在段子手圈中，很多素材也基本是一些段子改编的，每集4~7分钟，以夸张、幽默的方式描绘主人翁意想不到的传奇故事，小人物的奇闻异事，同时又集合了时下热门的搞笑、穿越、职场等元素，将互联网娱乐至死的精神发挥得酣畅淋漓，也迎合了主流年轻观众用户群体的口味，与互联网的原住民90后一代的开放和自嘲的心态相吻合，用户的代入感强。此外，借角色演绎传达出来的草根向上的精神，草根文化对精英文化的挑战，贴合时代气息和网络特征。

一周更新一次，从 2013 年上线至今已推出两季，大受网友欢迎，在优酷的点击量突破 20 亿。

随后首创网剧贺岁概念，推出《万万没想到》的贺岁版《小兵过年》，优酷和湖南卫视同步播出。2014 年 7 月，《万万没想到》第二季上线。随后，它的衍生品，同名图书《万万没想到：生活才是喜剧》在北京首发，新书也延续了网剧夸张幽默、略带恶搞的风格，受到万万粉丝的欢迎。从南到北，从书店到学校，各地的签售现场都人气爆棚。从 2013 年的那个夏天开始，"万万没想到"这五个字似乎被赋予了神奇的魔力，随之衍生出的剧集、演员、图书、节目都十分火爆。

票房对赌，保底分账（minimum guarantee）

保底分账是投资分成的一种方式，国内张艺谋的电影《三枪拍案惊奇》最早采取保底分账发行模式。

2014 年关于《心花路放》的票房分配的文章中这些写道："北京旅游旗下的全资子公司北京摩天轮文化传媒有限公司是在影片摄制的后期参与投资的，向该部电影投资了不超过 1.25 亿元，并且与片方就'保底票房'达成了对赌协议。"

无论《心花路放》的票房如何，摩天轮都会给制片方 1.25 亿元左右的分成。也就是说，如果《心花路放》的制作成本是 5 000 万，则片方盈利约 7 500 万元。在这种票房保底模式下，如果《心花路放》票房超出预期，超出的大部分是归摩天轮公司的，按照电影行业的惯例，往往票房超出保底越多，摩天轮就会获得越高比例的分成。

这便是电影行业里经常提到的保底分账，"对赌"这个词较多见于风险投资领域。投资人用保底分账模式抢得发行权，先预付保底片款，票房超出保底的部分拿大头。如果票房低于保底片款，便共同承担风险。

互联网发行

低价倾销预售票，用巨额补贴（一张票起码赔25元）换得一亿票房预售的成绩和市场的关注。有数据显示，网络售票占到了总票房的30%，越来越多的观众通过手机而不是在售票窗口买票。

由宁浩、黄渤和徐铮铁三角出品的《心花路放》将原有的互联网影视预售合作模式功能发挥最大化。通过猫眼电影打通线上线下，上映前就通过独家授权进行网上渠道的电影票预售。从9月15日开始到22日点映，短短7天时间，售出电影票100万张。根据艺恩网统计数据，10月1日到9日，《心花路放》在全国影院排片率均达36%以上，大大超过同期其他影片排片率。网上购票占比超过总票房的50%。

《心花路放》探索出电商与影视的新型合作模式，除了单纯的线上线下融合之外，电商企业还能作为出品人参与到电影制作中。互联网企业阿里影业作为战略合作伙伴进行投资，以旗下产品娱乐宝与淘宝电影对电影进行宣传。互联网是现代电影发行的一个有效渠道，影片发行部门通过数字渠道，针对国内售票网站，利用数字技术促进网票的销售，同时做点映释放，完成了预售，将传统发行转移到了线上发行。

《心花路放》在正式上映前做了三场大规模点映，分别是9月17日第一场点映：300场；9月21日第二场点映：800余场；9月27日第三场点映：16 000场。大规模点映不仅没有影响到上映后的票房，反而通过三轮点映传播了大量的正向口碑，给了影院极大的排片信心。

据公开数据显示，9月27日的全国限时点映（15:00~19:00），全国3 000家影院参与了排片，影片实时上座率高达54.88%，单个影院最高的上座率达到了93%，在仅4个小时内收获2 850万票房，《心花路放》3 600多万的点映票房相当于是以10%左右的排场产出了当天30%的票房。

大数据

在一个影视剧项目中，市场、剧本、班底、生产、发行五大要素是不能不深度考量的。对于电影行业而言，是把影视行业数据和金融数据相结合，通过资本市场对影视行业的关注和成交记录，透视影视行业发展趋势与未来机会，并对影视投资、文化创意投资提供强有力的数据和行业预判分析。有关大数据的分析，已经延伸到电影创作的每个环节，包括剧本、演员、拍摄、发行等。

第一，市场

如果计划投拍一部电视剧，投资人至少需要了解该项目的市场收益及市场风险。通过详细分析电视剧播出情况的相关数据、各频道电视剧的播出特点、各个题材区域偏好、各个时段的播出优势，并依据上述因素对历史播出数据做出全面的分析，对当前播出市场、播出环境以及适合该项目的播出平台进行分析和定位，为投资人是否投入电视剧项目的决策提供科学有效的分析。通过对海量数据的挖掘统计分析，了解各类电视剧播出情况，各种题材电视剧分别适合的市场环境，为制作公司有目的地选择剧本、制作电视剧，以及为发行电视剧提供参考依据。例如电影《小时代》的"一定三导"系统。"一定"就是用数据定位，当准备投资或发行一部影片的时候，首先要做数据分析，比如《小时代》这本书在文学网站上有多少点击量，是什么人在点击，要知道这部电影可能拥有的核心以及第二圈、第三圈观众在哪里。由于《小时代》定在暑期上映，要分析同档期竞争对手，分析过去一年消费者看过的同类型或相似的影片，是否形成了差异化定位等。

第二，剧本

利用语义分析实现文字评价、内容评估，根据评估结果为编剧提供素材。2013年，《小时代1》上映前，第一款预告片在各大视频网站的点击量一个月内达到 4 800 万次，最终票房为 4.8 亿元。

《小时代》的原作小说在网上拥有众多粉丝，又如《致我们终将逝去的青春》的原作就是网络小说，电影投资方正是看到了它们背后潜在的巨大观众群，才决定将小说改编为电影。这两部电影后来被称为"粉丝电影"，在一些电影界资深人士看来，其本质就是"互联网电影"，即符合互联网时代审美风格的电影。

第三，演员

通过对海量数据的挖掘统计分析以及合理的算法，对每个导演、演员、编剧等制作人员及其班底的资质、处理各种题材的经验、拍摄过的电视剧的收视率进行全面的评价。根据数据，对班底成员参与或拍摄过的电视剧、每个电视剧的基本资料及收视信息进行分析，给制作方提供一份相对客观、用数据说话的评估结果，比如酬劳是否合理。通过数据统计搭建出性价比最高的制作班底。例如，某导演擅长制作历史题材的作品，近三年的历史数据展示，此类题材一等剧较多，如果请他执导历史题材，系统可能会给他评出五星，但是如果执导都市情感题材的话，近三年的数据显示，此类题材均为四五等剧，系统分析的结果可能是一颗星。我们根据投入成本和题材、剧本等因素，会就是否聘请此导演给出建议。搜狐自制剧《屌丝男士》

借助大数据，分析出当红的明星组合以及观众的喜好，然后说服这些明星参演。

第四，拍摄

通过对剧本规范化的解析，在筹备期就可以精确地计算出剧本的总体拍摄量、各角色的戏份、各场景的戏量，以便安排演员档期，制订拍摄计划，进行合理的统筹安排，避免不合理的浪费。可以通过对历史数据的分析，制定在同类题材里最合适性价比的预算方案。在剧组拍摄期间，还可以通过跟进拍摄进度，统计财务支出费用，实时地管控剧组的生产和资金的使用状况，第一时间发现问题，解决问题，避免因不能及时发现而被放大的错误。

第五，发行

对电视剧播出方即电视台或视频网站的市场定位、播出平台竞争方定位，评估当前播出环境、播出平台的市场环境等因素，全面分析电视剧播出情况、频道的电视剧播出特点，各类题材在不同的区域偏好、不同时段的播出优势，以及与竞争方相比较的优劣势，从而合理制定发行方案及规划。

通过各类数据在市场、剧本、班底、生产、发行等不同维度上的作用，对投资人是否进行项目投资，如何衡量剧本品质，如何选择、搭建班底团队，如何制订最优化的拍摄计划，如何制定最适合的财务预算，如何制定适合的发行规划等等，产生更科学的思考、分析。

电影《小时代1》和《小时代2》，票房收入共计7.8亿元。它的成功不能不提到大数据的应用，《小时代》利用数据思维进行精准的观众群体分析，关注了9万用户的新浪微博，并对微博使用人群进行了深入分析。调查数据显示，9万微博用户中81%是女性，19%是男性，平均年龄20岁左右，喜欢看《快乐大本营》《非诚勿扰》等电视节目。通过数据分析了解适合《小时代》的受众群体：40%是高中生，30%是白领，20%是大学生，10%是与此最相关的潜在观众。

2."互联网＋"艺术

下面是权威报告Art Economics（2014）里面的一组数据：

1）中国已成为全球最重要的艺术品新兴市场，从国内艺术品交易额到国际市场影响力，已经坐上第二把交椅，达到115亿欧元。

2）2013年，大陆艺术品市场成交额占中国总市场的71%，约为680亿元人民币；成交量占86%，约为753万件。香港艺术品市场成交额占29%，成交量占14%。

3）书画作品成交额占到56%，约380亿元人民币，书画作品仍是国内艺术品爱好者收藏的主流种类。单价100万元人民币以下的艺术品占总交易额的96.9%，中国低端艺术市场潜力巨大。

4）2012年底中国高净值人群（100万美元可支配收入）有64.3万，所有城镇家庭中产阶级及富裕家庭将从2012年的占比71%增加到2022年的84%，上层中产阶级家庭将成为增长最快的部分，极大程度上推动艺术品市场的发展。

5）艺术市场至少还有10年增长期，而艺术品在线交易份额存在从目前少于5%增长到未来50%的可能。

艺术电商

互联网给了所有艺术品在线交易的平台，去展示互联网精神介入艺术品拍卖市场的重要意义。在此之前，艺术品拍卖现场并非是一个人人准入的场所，新手必须缴纳几十万元的保证金，才会得到一张竞买号牌。而如今在网站上，只需要注册一个账号，人人都可以参与拍卖。此外，拍卖会必须集中在一天的某个时间段来完成，也必须一件接着一件地拍卖，而线上拍卖解决了即时和实时的问题，在几天的拍卖时长内，买家可以同时参与到多件藏品的竞拍中。

自2011年起，诸多消费艺术品拍卖网站相继出现，几乎每天都能看到一家艺术品电商诞生。和年轻艺术家合作，这些艺术家不需要名气，不需要参加过多重大的展览，但作品须符合年轻白领的需求。"买得起的艺术品"开始在年轻消费者中逐渐流行。据报道，佳士得2014年的新买家中，有32%来自在线平台；而苏富比表示，他们在 2014 年里有近 25% 的买家来自网上。拍卖行已经不再是传统的拍卖行，艺术电商成为行业热词。

艺术电商主要分四种：一是网上画廊，有在网上搭建虚拟画廊，也有实体画廊建立网店；二是网上拍卖，由网站组织藏品进行拍卖，无传统拍卖行的时空限制、高额佣金等不利因素；三是网上信息流，网站为买卖双方提供交易平台，不直接介入交易行为，赚取佣金或会费；四是网上商城，由网站征集作品并出售，赚取佣金或提成。

2013 年 5 月，北京保利国际拍卖有限公司与淘宝网合作，推出了"傅抱石家族书画作品"专场。这应该是国内知名拍卖行首次试水艺术品网上拍卖。在北京保利"触网"示范效应下，艺术品网络拍卖迅速在艺术品市场上掀起了不小的波澜。苏宁易购、京东在线、国美在线等大型电商平台和艺术品拍卖公司推出了艺术品网络拍卖会，很快一股艺术品电商热潮正式形成。权威部门的统计数据显示，截止到 2014 年底，国内大大小小的在线艺术品交易网站已接近 2 000 家，包括了众多艺术品拍卖公司旗下的艺术品在线拍卖。

O2O 是近年来电商领域一大热词，很多人对 O2O 的理解都是，在网上寻找消费者，然后将他们带到现实的实体商店中，在线下构建好信息或价值传递上的交互闭环。如HIHEY的线上以签约艺术家的油画、雕塑等艺术品展示、交易和拍卖为主，线下则在全国五个自有的画廊举办艺术展览和讲座。在商业模式方面，对注册签约艺术家收取年费，对每件作品抽取5%~30%的交易佣金。同时整合线下资源，在广州、上海、北京等城市开办画廊，展示其签约出售的艺术品，然后通过二维码等方式将交易导流至线上完成。此外，与产商合作，在大型商场、中央商务区以及机场做展览。

艺术与移动互联网

在今天的移动互联网时代，尤其是社交媒体的快速发展，开放、互动、分享的精神和价值观逐步成为共识，在艺术领域让公众和社会力量参与互动成为可能。艺术社交的特征是艺术创作、展览、传播和收藏四个阶段的社交化，艺术机构的定位也发生变化，艺术产业成为信仰产业，其兜售的不是一张画、一件雕塑或任何一件作品，而是一种追求极致精神的态度，一种价值观。在贴吧、论坛，甚至在专门的绘画交流的App上，很多习画人和职业画家晒出自己的创作过程，与陌生人交流。

创作本身也随着这个时代发生了变化。有的艺术家利用计算机技术控制LED灯，在地面呈现出独具特色的艺术作品。有的艺术家以一些大热的软件为灵感来创作，比如用手机App记录下自己的奔跑路线，再由此出发，创作出艺术作品。"互动性"是我们今天喜欢谈论的词汇之一，若艺术作品有了互动性，就好似图片有了情色意味一样让人兴奋。

"艺术家"的定义也发生了改变。"具有较高的审美能力和娴熟的创造技巧，并从事艺术创作劳动而有一定成就的艺术工作者"，在很大意义上，"艺术家"变成了一种职业的代名词。这种职业从业者就在你我周围，就是你我，他们不再衣着邋遢，他们懂得如何社交，懂得思考如何传播，他们同你我一样，追随这个时代的脉动。同大多数人一样，也为这个世界实实在在贡献了自己的能量。他们更加了解这个世界发生了什么，也更有机会发出自己的声音来影响些什么。比较专业的说法是"艺术介入社会"。当代艺术家邱志杰从 2006 年开始，长时间致力于南京长江大桥自杀现象的社会调查与艺术干预，他通过自己的努力来进行艺术治疗，并且得出了自杀者在当代社会幸福感缺失的一些结论。

作为公共空间，展览模式也在发生变化，不仅仅是视觉呈现，还有知识生产与互动传播。通过对特定艺术品的讨论、关注、对话甚至收藏，成为某种艺术和社会文化的推动者，在参与和互动中成长。同时艺术作品在流通环节中获得新的解读和生长，收藏者成为某种艺术文化共同体的存在。

大数据

艺术品行业的大数据主要包括三个方面：用户数据、内容数据和渠道数据。在互联网时代，这三种数据融合在一起，为艺术市场提供支撑和服务。大数据对于对金融市场的一般要求，移植到艺术市场上，形成艺术金融的创新。

2010 年，中国首度问鼎全球艺术品拍卖，到 2012 年，中国艺术品交易占全球艺术品市场份额的 41.3%，2011 年，中国艺术品市场规模高达 50.7 亿美元，相当于法国十年拍卖收入的总和。艺术品行业高速发展的这几年，产生的数据无疑对带动艺术投资产生了巨大的推动作用。

在挖掘电子商务平台上积累的艺术品和用户社交行为数据的基础上，分析用户 360° 画像，来指导艺术家的创作，并根据藏家的喜好，精准地将相应作品推荐给有此类消费倾向的收藏家和机构；同时，平台需要为收藏家和投资人提供艺术品市场发展的动向，帮助他们找到准确的投资方向。大数据时代不仅对艺术品投资交易机构而言是极重要的参考标准，对于投资者一样适用，都可以从数据中获得准确的信息。艺术品行业种类繁多，具体该在哪一个品类上多关注？如何刺激与延续市场的繁荣？初级投资者与资深人士如何选择适合他们的投资对象？数据都能起到很好的参考作用，艺术品收藏投资亦需要数据思维。

应运而生的一些交易中心便是基于强大的互联网数据平台，入库项目通过其平台实现每一个环节的信息公开，数据平台同步实现包括文化艺术品的评估、登记、托管、保管、信息发布、交易结算和交易见证等全流程交易服务。

微拍

互联网使得交易随时可以发生，过去是在艺术论坛的收藏交易板块，现在是在微信公众号、微信群和朋友圈。微信拍卖肇始于 2013 年 3 月 15 日，《城市画报》在自己的微信公众号上义拍油画《工具》，为重病的实习生筹款，底价 800 元，共 278 人次参与拍卖，3 小时后以 3 660 元成交。艺术圈的微信拍卖最早是在 2013 年 11 月 28 日，双飞艺术小组的杨俊岭、林科坐火车从北京到上海去看史金淞策划的拍卖双年展，他们在火车上画了 62 幅水彩，10 块钱一幅起拍，以 5 小时车程为时限，放到一个艺术家群里去卖，发现竟然很多人想要，最后以 120 元一幅被两个藏家全部买下。

如今微拍已遍地开花。拍卖方把拍品的图片等内容介绍传到微信公众平台或朋友圈里，所有关注者或者"＋"进群里的好友都能来竞拍，藏家可以通过回复公众平台竞价，也可注册成会员竞拍，打电话竞拍同样有效。有些微平台还有 O2O 功能：线上展示，线下预展，吸引买家到预展现场竞价购买。也有针对庞大的微信用户群，建立公众号传播知识，聚集人气，推送拍品，搭建拍场。这类艺术品微店发端于微信圈里的艺术公众号，从"互联网＋"的角度看，艺术微店实际上就是艺术品电商交易的微信应用。

3."互联网+"二次元

互联网是滋生二次元、宅腐基文化的肥沃土壤。作为互联网上的原住民，90后创业者欣然接纳了这种文化，并将其发扬光大。二次元世界被封存在电脑、手机屏幕内，却衍生出"中二"、"萝莉"、"呆萌"等现象级词汇和宅腐基（"宅男、腐女、基友"）文化。"金熊掌"路演中，"勿忘我"创始人高峰将这种亚文化喻为"腐烂王朝"，并称从中获得了开发新式社交软件的灵感。弹幕是二次元的衍生物。

羊年第一个热词，你Duang了吗?微信朋友圈和微博刷屏——Duang，一个连怎么写都不知道的词，其来源要追溯到2004年成龙拍摄的洗发水广告。近日这则广告被bilibili弹幕网网友挖出恶搞，配合庞麦郎神曲《我的滑板鞋》和10万条弹幕，瞬间就播放了180万次，而成龙大哥在广告中的一个特效拟声词"Duang"瞬间风靡了整个互联网。

近年来从网剧《万万没想到》《报告老板》到春晚蔡明年年神吐槽，从电视剧《古剑奇谭》CP（人物配对）到新版《神雕侠侣》的鸡腿小笼包……再有"坑爹"和"no zuo no die"（不作死就不会死），更不用说"开胸毛衣""人人手拿验孕棒"的P图梗了。

小米公司的产品风格设计对二次元宅文化也有一定借鉴，但小米走的是中间路线，并非完全面向狭义的宅系人群，而是在宅与非宅的 90 后群体间做了风格偏好的权衡，这恰恰迎合了宅文化向主流文化渗透过程中受其影响的广大"伪宅"群体。这部分人本身不是纯粹的宅文化爱好者，但由于文化与审美交集等原因成为其潜在受众，且数量规模庞大，是未来该领域的消费中坚力量。

互联网宅文化经济

在中国，宅文化经济一直潜伏在动漫产业发展大局之下，也就是说人们对宅文化的认识仅仅停留在动漫文化的表面上。据统计，我国 2013 年动漫产业总产值为 870 亿元，这与 2 000 亿美元的美国动漫产值和 3 900 亿美元的 11 区动漫产值存在较大差距。中国人民大学和文化部文化产业司联合发布的"中国文化消费指数"显示，我国存在超过 3 万亿文化消费缺口，鉴于我国人口红利对动漫市场的消费拉动仍处发力阶段，多大的消费缺口就能对应未来多大的潜能空间。

随着脸萌、神经猫的一夜走红，更多人开始关注宅文化所催生出的群体经济。ACG（动漫、漫画、游戏）领域的创作者们不再满足于早期的字幕组、汉化组事业，如今他们投身于更新颖、更多样化的内容创作当中，而这些创作正潜移默化地改变着宅文化在年轻人心目中的比重，逐渐成为未来互联网内容市场的新亮点。

2014 年 12 月 1 日上午如果打开过淘宝，一定看到了首页上方大半屏弹幕如千万头羊驼呼啸而过。这是弹幕视频网站bilibili为即将到来的淘宝双十二卖场提供的助场活动。不久后，该网站与淘宝官方微博居然进行了调侃互动，淘宝微博还发出了弹幕数据统计：仅半天之内"任性"一词被提到2万次，"有钱"提到1.2万次，"淘宝"3万次，"bilibili"3.8万次，"马云"11万次。

弹幕网站影响力颇大的是bilibili和AcFun，两站实际上已充当了整个宅文化的内容整合站。以bilibili站为例，下设动画、番剧、音乐、舞蹈、游戏、科技、娱乐等栏目，这些栏目之所以能够被整合是因为它们彼此间存在交集，而交集正是宅文化这个核心。比方说一个军事爱好者他不上土豆优酷，不上铁血米尔，非得跑到这两个网站来看视频，这说明他不仅仅是一个军事迷，而且是宅系群体的一员，说不定他还喜欢看动漫番剧，宅群氛围和弹幕交流更贴近他的兴趣。弹幕视频网站以弹幕为载体，承载了宅文化的内容交流，同时将该领域的各种作品、节目、创作整合进不同栏目，基本上实现了整个宅文化的全貌概览。它不仅促成了各种宅系人群间的交流融合，也让广大非宅群体得以认识宅文化的本质内涵，大大增加了他们成为潜在受众的可能性。

同人创作在国内并不新鲜，早在十年前曾有过起色，当时仅仅停留在漫画绘制的过程。随着软件技术的发展，制作工具丰富完善，移动互联让创作素材随处可及，ACG同人创作面临二次兴起。创作者们取材动漫、游戏等二次元原作品进行二次加工创作，已成为宅文化领域的普遍现象。

当初音未来风靡全球之时，ACG的创作者们设想，何不自制虚拟动漫形象来进行视频创作，于是出现了一款基于初音未来等角色3D模组的免费软件MikuMikuDance（简称MMD）。MMD为国内3D同人创作提供了可能，使一群热衷于二次创作的同人视频作者有了自己动手和发挥想象的空间，各种天马行空的3D虚拟动漫小品、舞蹈、MV、搞笑剧如火山爆发般喷涌而出，精美的自制模型与生动的原创剧情相结合吸引了大批为之兴奋不已的粉丝人群。

除了3D同人创作之外，传统的平面MAD也深受欢迎。MAD是指影视原作的剪辑配上作者挑选的音乐，编辑合成类似动漫MV形式的同人作品。这种创作随着2005年互联网视频站的兴起而发展，2008年后动漫视频弹幕站的出现让MAD作品传播交流更为广泛。

互联网颠覆了经济，也颠覆了文化产业，形成了新的文化产业生态链，未来还会有更多可能。

我要艺术网创始人

罗　文

第十一章

"互联网+"医疗

互联网医疗是互联网与医疗服务相结合的一个重要分支，也是目前最火热的领域。2014中国医药物资协会发展状况蓝皮书显示，我国移动医疗App发展迅速，现阶段已达2 000多款。而仅仅从2015年初到现在，又有100多家医疗类App上线。

目前移动医疗市场主要包括三大阵营：独立的移动医疗创业企业、传统医疗行业企业顺向进入（医疗信息化厂商、医药设备厂商、保险公司等），以及智能硬件商或互联网企业反向切入。

目前多数的移动医疗创业企业在发展的过程中，都对资本产生了比较严重的依赖，这其中的原因可能就在于目前传统医疗利益链尚未打破，运营商、软件开发商、终端厂商"各自为政"，不能形成资源共享合力，同时政策的推动力严重不足！

当前多数移动医疗企业仍然处于用户积累的初级阶段，如各类层出不穷的手表手环。虽然在讲述商业模式的时候都将自己说得天花乱坠，未来终极模式都是靠数据挖掘，但是事实上大多都集中于某些简单数据的监测与记录，缺乏数据深度挖掘的能力，客户之间的互动性差。无数个上来就跃跃欲试，要做健康大数据，一些App，一些可穿戴设备，至今还没拿出像样的成绩。网络上少说有几十个挂号预约App，但是专家号依然一号难求，协和医院门口依然排着长龙，黄牛依然赚翻了天，看病难问题还是个问题；各种医药电商和附件药店功能依旧没能改变购药贵的实质性问题。

目前各类移动医疗项目包括预约挂号、线上问诊、用药查询、医药电商、电子病历报告、常见病预防监测、慢性病长期监测、病情交流分析、医疗病历共享、医疗服务市场监控等。网络化的"后向就医"能降低用户的时间成本，可穿戴硬件主导的"前向监测"所产生的数据信息可以判断人体的健康程度，"患者管理"、"线上问诊"能够提高医生的工作效率，合法地提高他们的收入，"智能导诊"、"在线预约"、"医疗信息化"能够在一定程度上提高医院的运营效率，而网络营销等方式能够吸引药企进入。

从这些方面看，移动医疗市场前景非常广阔，但短时间内不能撬动国内目前的医疗体系。这是为什么呢？因为这些功能虽然看起来都很好，但实质上只是提升了医疗服务水平，并没有解决医疗问题的实质。医疗问题的实质在于医生护士资源短缺，公立医院以药养医，医保制度仍不完善等。

那接下来我们就从我国医疗和医药领域中的问题入手，来看看"互联网+"医疗在早期是如何不断深入，根据医疗的痛点去改变和优化医疗流程的。

1. 我国医疗领域问题无法根治的原因

（1）我国医疗改革方向一直在变

自国家宣布上次医改失败，新医改意见也已下达5年之久，但是公立医院改革等环节推进难度依旧非常大，其中的重要因素是我国的"以药养医"体制没有得到根本改变，这样就不可能出现和建立更科学的补偿机制。国家，包括地方政府，每年都会出台各种各样的卫生体制改革政策，但对当前存在的问题远未形成根本性触动，因为改革的出发点在于减少国家负担。政府的医疗投入相对下降，又想把医院快速推向市场，鼓励民营或者混合所有制，谋求发展，而目前所有医院都主要依靠"药械及耗材"和"做检查"来增加收益，因此就把这种沉重的经济负担转嫁给了老百姓，产生了恶性循环。

在我国市场经济这个大背景下，"公平"与"效率"之间的博弈一直存在，并决定着事物的发展方向。医改要解决的两个基本问题，一是基本医疗服务的公平性，二是提高医疗服务体系的效率。但经常出现这样一种情况，无论哪一个计划，实施后都会遭到反对，市场改革派批评行政主导派效率低下，导致腐败，行政主导派诟病市场改革派造成了大量的不公平现象。因此实际的国家宏观医改政策本身和各个地方的具体操作都各不相同，思路和风格也一直在转向，朝令夕改，这造成了很多系统性问题。

（2）公共卫生服务体系不健全，医疗资源分配不均，布局结构不合理

在我国发展初期，国家在医疗卫生总量偏低、政府财政投入严重不足的情况下，将财力、物力向城市倾斜，使城市占有的医疗资源远远大于农村。改革开放后，由于医院的市场化导向，使得医院必须在很大程度上自负盈亏，医院和医护人员也必须以经济利益为导向，再加上"以药养医"这个历史遗留问题滞留至今，就像个大毒瘤，国家想要摘除，但是其中的艰巨性和随之而来的"阵痛"可想而知！

由于我国城乡居民贫富差距的扩大以及政策的倾斜，我国医疗卫生资源分配不均，卫生资源的浪费与低效并存。很多卫生资源（药品、医疗设备）即使在农村的医疗机构配备，也会因为收入水平、医务人员技术水平和医疗保障的不健全等原因，无法得到有效的利用。

（3）目前行政管制的药品流通体系导致药价虚高

我国医疗需求总体量不断增大，可是目前药品流通体系并不完善，有时政府行政管制过多，有时又出现监管力度这两种互相矛盾的状态交织在一起，这都会使医药流通体系的摩擦成本和运营成本居高不下。比如为了监管方便或者认为这样服务得更好，很多地方强行指定药品配送商，造成了"最后一公里"的事实垄断，一旦出现这种格局，垄断者就会自发维护自己的市场地位，向供应商向机构"双向溢价"。表面上也许医药价格没有上涨，实际上生产商和渠道商已经在多个环节主动或者被动进行了"转移支付"，所以垄断一定是会提高社会总成本的。再比如医药招标行为，本质上可以透明化，提高运营效率并降低成本，但是由于招标行为受到强烈的行政监管和干预，一旦哪里有巨大的权力，哪里就会出现权力寻租，根本无法避免。非市场化的因素出现后，招标本身又会增加总成本，但是根据基本市场理论，无论在哪个环节增加的成本，永远是最终用户即老百姓买单。

在这种混合模式基础上的运营体系，再加上公立医院的垄断地位和逐利行为，部分医生和药品经销商的"积极合作"，综合因素影响下必然会导致药价虚高。每一次招标，每一次更替只不过是又换了一批利益群体而已，无法从根本上改变。

（4）管办不分

政府对公立医院具有双重身份：一是所有者的身份，二是管理者的身份，但这会造成所谓的"管办不分"。这已经是中国经济体制改革的老问题了，而由于医疗系统更为保守，远远没有国有企业或股份制改革得彻底。人大代表虽然代表了一部分人民的呼声，但他们很多人只会提批评意见，可能根本不懂医疗行业的特殊性。政府对卫生服务提供者的人、财、事都有一定的控制权，但是兼有企业和事业单位的"奇怪的"双重考核机制，会使得公立医院的内部管理越来越不适应市场环境。现在为了降低社会医疗总成本，希望打破垄断，又想一步将它们推向市场。原来掩盖的问题会不断显现出来，而更多的矛盾也会进一步激化。

而要是以为公立医院在市场竞争中是弱者，你就错了。他们借助人才、品牌和历史形成的优势，进一步膨胀，挤压其他医疗机构。同时自然构建学术壁垒，政府的低房租、低税收补贴，以及其内医务工作者的事业单位编制等等，导致各大医院事实上形成了一个个地域性"黑洞"，然后它们还在积极扩大规模，多点布局，收购或者托管医院去开"连锁店"，更加剧了这种不平衡，是一个不可回避的现实情况。

2. 移动医疗如何优化现有医疗流程

"互联网+"在医疗领域逐渐深入，正在潜移默化中衍生出新的流程，新的模式。

存在问题：我国医疗卫生资源总量不足，服务质量有待提高。

与经济社会发展和人民群众日益增长的服务需求相比，我们的医疗卫生资源总量相对不足。2012年，每千人医疗卫生机构床位数为4.24个，每千人执业（助理）医师1.94个，每千人注册护士1.85个，医护比不足1:1，处于倒置状态。而"十三五"计划也清楚写明，我国未来数年的医护数量增加比例与GDP增长同步，即7%左右。这些数据表明，相当长的一段时期内，我国的医疗卫生资源整体质量还将比较落后。

优化方式：移动医疗四大入口之机构入口，帮助提高医院运营效率和服务质量。

机构入口包括医院、卫生局、社区和医药厂商。其中医院是核心，而医院入口中医院信息系统是核心，以电子病历、移动查房、医嘱和临床决策为中心，同时整合影像归档和通信系统、检验科信息系统、病理科、护理、挂号预约、药剂科、高值耗材全流程管理、院感质控、消毒供应、医院决策和内部行政办公自动化等等。此类入口是一种资源驱动型入口，也是整个移动医疗的天王山，谁占领了医院，谁就拥有了最深的护城河，还可以由此入口向外延伸。

Dr.2 在《〈经验借鉴〉美国医院信息化发展过程中走过的12 道"坑"》一文中写到过，数字化医院不等于无纸化医院，事实上在可预知的未来，数字化医院仍将是电子与纸质混合的信息模式。数字化医院通常被视为不再使用纸质记录病历，取而代之的是各类电子渠道、系统和工具。而无纸化医院或许是一项备受期待的长期的医疗产业，但是根据经验来看，走数字化医院的道路会是一段高风险且高成本的复杂历程。许多临床医生和管理人员都强调，在特定的医疗环境内，使用纸质记录工具对于采集患者信息最为有效，但他们也认可纸质工具的"数字化实现"这一科技方向，因此纸质化与数字化两者可共存。事实上，在可预知的未来，数字化医院仍将是电子和纸质的混合信息模式。

数字化医院是高度移动医疗化的医院形式，而从德勤的报告中我们看到，即使是在美国，也不可能完全走到这一步，数字化手段可以作为现有医疗机构的一个改革方向，但是不可能完全颠覆和取代现有的医院体系。而事实上，医院移动医疗信息化的根本障碍在于，医院没有改革的动力。要实行公共改革，必须由政府推动，否则移动医疗产业在机构入口处很难发展。

存在问题：服务体系不健全，医疗资源分配不均，布局结构不合理，影响医疗卫生服务的公平和效率。

我国公共卫生服务体系不健全，医疗资源分配不均，布局结构不合理，影响医疗卫生服务的公平和效率，同时也使重大疾病预防控制任务艰巨，难以应付突发公共卫生事件。我国的公共卫生服务体系发展相对滞后，公立医疗机构比重过大，资源配置结构失衡，护士配备严重不足。专科医院发展慢，儿科、精神科、老年科和康复科等明显发展不足，这些都会导致老百姓的看病难问题。

我国不仅优质医疗资源不足，分配也存在很大问题，好的医疗资源主要集中在"北上广深"等大型中心城市。农村和城市之间、各省份之间医疗资源配置存在巨大差异。比如中西部地区相对于东部地区，缺少临床人才，同时医院的诊疗水平和接待能力都需要进一步加强和提高。

我国的基层医疗卫生机构能力不足，利用效率不高，也催生出了"全民上协和"的医疗之风，不管大病小病、慢病急病，统统都往大的三甲公立医院跑。由此导致大型公立医院越来越挤，社区基层医院门可罗雀。

优化方式：移动医疗四大入口之大众入口，帮助优化医疗资源的分配，提高医疗服务的效率。硬件入口帮助提高收集患者医疗健康数据，辅助医院提高患者诊疗效率。

大众入口包括普通人、患者以及特殊人群三类。这类入口是充分竞争型的入口，有时候获得竞争优势是需要大资金驱动和媒体整合能力的。这是一片红海蓝海交织的广阔天地，也是市场最大，门槛相对较低，竞争最激烈，从业人员最多，鱼龙混杂的地方。

对患者来说：

（1）移动医疗让大家寻医问药更便捷

医患问诊模式的移动医疗产品是一个以患者为导向的咨询工具，强调即时性和效率。在这类平台上，患者可以自由向医生提问，并根据医生的回答给出满意度评价，医生从中可以获取相应的报酬，评分高的医生被优先推荐，评价越高，医生获取的收益分成比例越高，充分体现了多劳多得、优质优价的医疗服务价值。

（2）移动医疗能够节约患者成本

患者在求医的过程中，除了需要付出很大的金钱成本外，时间成本也是巨大的。在医院，随处可见远到看不见尽头的队伍。挂号排队，就诊排队，检查排队，付费排队，取药排队……而对于那些"火爆"的航母型综合医院（类似协和）来说，即使你排上一天队，也不一定能够挂上号，最后还是得找黄牛买号。挂号预约工具能够帮助患者在一定程度上节约时间成本和金钱成本，同时在线支付、在线获取医疗病历的工具也是患者急需的。

据我国 2014 年公布的移动医疗年报数据来看，目前普通消费者对移动医疗 App 最大的功能需求是通过查询获得电子医疗病历，预约挂号，随后是用药提醒、健康咨询、远程会诊等。

用户功能需求	比例
通过查询，获得电子医疗病历	85.70%
预约挂号	77.10%
用药提醒功能	54.10%
提供健康咨询	34.30%
实现远程会诊	31.40%
拥有家庭医生助手	28.60%
提供实时的健康数据	22.90%

此外用户在选择移动医疗应用时，最关注的因素是医疗服务的安全性和医疗服务的质量，分别占比 42.9% 和 24.8%，在这之后是个人所需承担的费用以及服务的快捷性等。

普通消费者关注因素	比例
隐私和安全	42.90%
服务的质量	24.80%
所需承担的费用	11.10%
服务的快捷性	10.20%
操作的易用性	5.60%
对移动设备的要求	5.40%

以上都是患者希望移动医疗能够帮助他们的地方，都是对现有传统医疗卫生服务的有效补充方法，在医疗人力资源短缺的情况下，通过移动医疗可解决以上这些需求，也可以缓解国家面临的一部分医疗问题。

对现有的医疗资源和看病流程来说：

大众入口的移动医疗产业发展，能够帮助进行医疗资源的合理分配，实际上在我们目前的门诊患者中，有 50%以上的患者根本无须去医院就诊，一些非常小的问题，有时候只需要一点医疗健康知识或者专业人士的轻微指导就能即刻处理。

在医患网络问诊中，医生通常会对一些有把握的简单病情进行诊断，还会推荐一些安全的药物及处理方式，涉及复杂诊断和治疗的话，会建议患者去医院。这是一种初筛分流，对提高现有医疗资源的利用效率，帮助医疗资源的合理分配，以及未来真正形成分级诊疗是有巨大价值的。

硬件入口包括可穿戴硬件、便携式硬件以及医院内各种大型小型设备这三大类智能互通互联硬件。便携式硬件以及医院内各种大型小型硬件设备能够帮助医院提高运营效率，提升服务效率。此类入口是技术驱动型入口。

可携带医疗数据采集设备包括各种专业设备，可以获取如心率、血压、心电图、血糖、血脂、血氧、眼压、睡眠、生物影像和运动等数据；非专业设备包括手表、腕带、感应器等，可获取基本生物体征数据以及运动数据。

我国移动医疗在硬件方面目前的发展核心是，在前端用技术改变服务模式以及进行数据收集，在经过快速发展的一轮前端布局之后，行业也开始逐渐把触角伸向后端——打通数据、技术和服务，拓展到后端诊断、个人健康干预等。

但是目前，在中国还存在着一些问题。首先，大部分大众消费类的可穿戴设备功能简单，主要是跟踪运动量、心跳、体重、呼吸等常规指标，这些可穿戴设备的准确性达不到医学参考的标准。在美国，真正被医生采用作为临床诊断参考的App以及可穿戴设备是需要经过严格的实验测试的，而且往往是针对某一方面疾病，有非常精密的准确度。这类属于临床类的App和硬件完全不同于大众消费类，在审批上需要美国食品药品监督管理局审核，例如我们提到过很多次的美国WellDoc公司，他们研发的基于手机App和云端大数据收集的糖尿病管理平台就已经通过了美国食品药品监督管理局审评，也这是首个获批准的手机应用。WedllDoc使用的时候是医生处方的一部分，可见其专业性，而这类产品目前在中国还没有。

存在问题：医疗体制内的腐败现象，会使得医疗服务的公平性下降。

医疗体制内的腐败现象，会使得医疗服务的公平性下降，卫生投入的效率低下，也会导致公众不满情绪增加、群体间关系失衡等一系列社会问题。目前医疗卫生领域时常会受到各种腐败势力的干扰和影响，比如官商勾结，在医药生产和流通环节牟取私利，假医假药，医生收红包现象等等。产生这些腐败的原因是相当复杂的，不过其中之一，是医疗卫生管理体制的非市场化因素和垄断过多，哪里有过多的行政干预，哪里就有权力寻租。

优化方式：移动医疗四大入口之医生入口、机构入口，帮助医院和医生合理提高收入，提高工作效率。

医生入口包括医生、护士、药师和医药研发等从业者。此入口为价值型工具及内容驱动型的入口，需要从业者有技术和内容两个不同领域内的整合能力，及时把握并引导目标客户的需求，而且一定要为该类人群的工作、生活、效率、学术等提供有价值的工具和内容。

移动医疗的作用，对医生来说：

（1）帮助医生筛选导诊

医患沟通类的移动医疗产品，可以对患者问题进行分诊和疏导，设置严格有序的多级导诊程序，在患者真正和医生沟通之前，起到筛选把关的作用，这会减轻很多医生网络问诊的压力和负担。

（2）帮助医生管理患者

医生助手服务模式的定位是由医生主导，为医生服务的移动端患者管理随访助手。这种服务模式是一个封闭系统，只有在医生授权的情况下，才能实现病历在不同医生间的流转，这也充分保护了医生和患者的权益，避免病源流失。App从医疗个性化的管理工具切入，充分调动了医生在医疗资源管理和调配上的主动性。

（3）辅助医生开展科研

医生使用的移动医疗产品中有不少是针对医生的临床需求的。医生可以使用这些工具，随时随地获得一些专业文献、医学视频、医学指南等资料，以辅助他们在临床工作之外开展科研工作。同时病历采集和整理类工具还能帮助医生在临床工作中养成收集科研病历的习惯，更进一步地说，医生能够在平时看病的时候，就注意积累潜在的珍贵的患者病历资源，并通过移动医疗App工具在随后进行更有效的整理、随访和二次维护，有效的随访也为科研提供了保证。

（4）帮助医生获得合理收入

"带金销售给回扣"的医药代表推销模式自前几年开始就逐渐衰败下来，越来越多的药企会更愿意利用学术和移动医疗的方式来进行产品的营销。对于基层医生来说，薪资相对较低，他们也需要其他的方式来合理增加自己的收入。因此，移动医疗能够帮助医生们合理地增加第三方收入，例如网络问诊等。这样也能减少腐败和贿赂案的发生。而对于药企来说，利用移动医疗来进行营销比医药代表模式的风险更小，效果更好。一举两得。

据我国2014年公布的移动医疗年报数据来看，医护从业人员的需求前三项是实现医生之间的沟通、通过手机获取病历和实现与患者间的实时交流。

医护从业人员功能需求	比例
查阅医疗文献	24.40%
快速收集患者信息	24.40%
诊断决策	26.70%
远程数据处理	26.70%
医院内部管理	27.20%
与患者间的实时交流	28.70%
手机获取病历	37.80%
医生间的沟通	40.00%

以上这些是目前医护从业人员最需要的移动医疗功能，多数是对现有医疗体系的补充和辅助，其中的关注点是如何在现有的基础上做得更好。

存在问题：我国的医保体系还未完善。

我国医疗保险的覆盖率过低、强制性不够、预防功能不强，患者大病保险保障不足。而与患者保险覆盖率低截然相反的现象是，国家实际的医保费用增长逐渐失控。由于费用过快增长，许多地方财政和企业背上了沉重的债务包袱，由此导致恶性循环，医保水平与质量更加难以提高。

我国医保还有一个最大的特点就是非常慢。新医改不过只有十年左右，而医保改革从20世纪70年代就开始了，却还在不断地"走走停停"。当然医保改革非常复杂，不同地域有不同的经济水平，所以各地区的医保政策各不相同，对政策的执行力度也天差地别，这也是即使到了今天，还未实现医保全国性结算的主要原因之一。

医保改革涉及的部门也非常之多，有发改委、国资委、财政部、劳动与社会保障部、商务部、药监局、卫生监督等十几个部门（当然现在有一些部委出现了合并），还包括各省市的党政机关都再次进行利益的分配和博弈。虽然从管理主体上来说，医保改革应该是由卫生部门负责，但缺少其他部门的支持在实践中就会举步维艰，各自为政的现状也是导致改革和各项政策推行起来困难重重的原因之一。

这并非是我们国家独有的现象，事实上任何国家的政府医保都是低效高成本的，永远也不可能达到商业保险的效率。所以国家医保政策通常都是跟随者，不会成为医疗改革的领头羊。而这个部门的特点天生就是胆小、谨慎和保守，当然还因为他们拿着老百姓的保命钱，稍有不慎就会影响到全局的发展。

我国的新农合在近几年覆盖率有了很大的提升，将近7亿人口的农村，大多数人参与了新农合，但是报销比例和范围［定点村卫生室和镇街道卫生院按25%的比例报销，门诊补偿总额每人每年最高报销150元；二级（含）以上定点医疗机构的门诊医药费用不予报销……］却远远比不上医药费的增长速度。城镇下岗人员、退休人员等低收入人群也因医保覆盖率较低、医保门诊起付标准和报销比例等问题影响基本医疗服务的享受，而只有健全、完善商业保险和医疗救助体系才能为这些人群提供医疗保障。同时高征收、高运营和高监管成本也是制约基层医保的现实问题，如何借助新的移动互联技术来优化和重塑流程，降低成本，提高效率，会有巨大的空间。

优化方式：社会医疗保险和商业保险相结合，同时通过移动医疗提高保险效率。

在社保面临收支压力的困境下，商业医疗保险规模出现了40%以上的行业增速。在传统医疗环境痛点多、互联网对医疗领域逐渐渗透以及传感器等硬件技术进步的大环境下，移动医疗行业蓬勃发展。而商业保险和移动医疗企业基于核心的医疗大数据，未来的最终目标是为个人提供服务。在我国现行医改体系中，医疗服务是作为健康管理的一个部分来进行规划的。也就是说，我国的现行医改体系对提升国家人民的整体健康水平寄予厚望。因此，商业医疗保险与国家社会医疗保险相嵌合，随后介入个人健康管理服务，提供除医疗融资以外的健康管理增值服务，将对医疗市场、保险市场产生深远的变革影响。

移动医疗逐步改变医疗行业

改变是一步步缓慢发生的。在移动医疗产业链上，价值体系或将有机会重新分配，患者、医院、保险公司、医药器械公司都会是新产业链下的价值贡献者。

医疗是一个膨胀性需求，只会扩大不会缩小。随着生活水平的提高，科学技术的进步，当温饱问题和小康需求逐渐得到满足，人们的生活变得舒适、方便之后，原来很多压抑的需求将被释放。谁会担心自己太完美呢？就像哪个老百姓会嫌自己钱太多呢？无论内在还是外在，人们追求完美、平衡和健康的欲望永无止境！

我认为不管移动医疗发展到了什么样的高度，都不可能替代面对面交流。事实上，无论技术如何先进，也永远不可能替代面对面交流。交流碰撞来自人性内在的渴望，技术是为人性服务的！而人性是不会变的。否则为什么现在各类行业大会，例如移动医疗大会、互联网大会都开得如火如荼，罗永浩的新产品发布会开在国家会议中心，门票一票难求？如果大家都完全依赖于技术，那直接在手机上等视频和文字分享就好了，何必要千里迢迢跑去现场呢？

因此，医生不会找不到工作，医院也不会消失。但是医生和医院会利用现有的移动医疗技术，融合进诊前、诊中和诊后的全医疗流程，将移动医疗技术作为现有医疗体系的辅助和补充，帮助提高医院运营效率、医生工作效率和患者就诊效率，这已经在实践，并将继续发展！

同时，虽然科技发展进步很快，但是原来掩盖的或者新的疾病还将会显现出来。例如，大规模传染病得到控制以后，人类寿命不断延长，病谱发生改变，心脑血管、慢性疾病和肿瘤成为主要威胁。而随着寿命不断延长，未来还会出现更多新的疾病，医疗基础需求也会不断增加。不管到什么时候，人总有逝去的那一刻，难道都会自然死亡吗？难道个人"全生命周期的医疗总需求"居然会随着人的平均寿命延长而缩小吗？这是什么逻辑？就是因为超级增量根本无法减少，所以药厂作为一个总量也不会减少。但是移动医疗能够在产品研发、生产、试验、营销和销售阶段等各个阶段与药企进行全流程的合作。

移动医疗开始的时候是和现有的医疗体系形成共赢，不断优化深入整合，为现有医疗体系做补充，未来三甲医院为中心的医疗体系将逐渐被弱化，二级医院、基层医院将得到充分利用，移动互联网的技术将促使以医院为中心的医疗转到治疗后的护理和跟踪。而随着技术、政策以及行业的不断发展，未来移动医疗的发展必然会颠覆和重构整个医疗行业！

3."互联网＋"医疗破坏式创新，形成新流程

在以医院为中心的医疗服务体制内，我们有疾病首先想到的地方是医院，到医院排队、挂号、候诊简直是标准的看病流程。最重要的能够对病情进行诊断的地方也是医院，我们的化验报告、体检单、CT报告都只能去医院取单。同时，医院还是医药产业的重要利润来源，维系着各方的经济利益。因此，现在医疗产业链的资源和重心都在医院。

但是，为什么整个产业的中心要放在医院呢？为什么有病一定要去医院呢？有没有更高效果、更低成本的方式？

互联网医疗，携带着日新月异的科技和打破常规医院去中心

化的思维，把触角慢慢地伸向医院和其他相关产业。破坏式创新，形成新的医疗服务流程。

（1）诊前流程网络化

从诊前流程来看，很多以挂号为入口的移动医疗公司正在试水，成果明显。网上挂号、网上支付成为另一种选择。挂号网、华康就医宝等经过前期的准备和调整也纷纷落地。2015年4月，用微信支付挂号费、药费的方式在北京世纪坛医院试点运行。世纪坛医院作为微信挂号的首家试点医院，每日放入京医通卡微信公号的号源占该院号源的20%。预计到6月份，市属各大医院都将在其中放入号源。消息一出，有网友热烈欢迎，因为这个方式可以改变大部分人去大医院就诊的经历：挂号排长队，候诊等半天，缴费跑几趟……通过微信预约挂号可创造良好的就诊秩序。

（2）网上问诊医患平台

从诊中环节来看，随着各种医患平台的涌现，去医院接受医生面对面的问诊也不再是唯一方式。正如春雨张锐所说：医生和患者通过一个东西进行连接，也被一个东西所阻断，这个连接和阻断的物理场所就是医院。我们只有到医院里才能找到医生，这是一个连接场所，但也为此而阻断，因为它的成本太高。而通过互联网进行连接的概率会更大，像网络私人医生，这件事情本质上就是让中国的病人、我们的用户有"我的医生"的感觉。现在春雨正在和合作伙伴做电子人力资源管理，未来它会成为连接医院和患者的中心纽带。今天的医生是通过医院和他的诊室以及挂号和你产生联系。未来的医生怎么和你联系？所有的医生超越了物理的界限，超越了科室的界限，通过一个数字化的管理系统与患者产生联系，他可以进行健康防护，可以对我进行疾病预警，可以对我进行用药管理，可以对我进行营养健康的管理，该系统将会成为一个人和医疗健康联系的中心和纽带。

（3）改善医患关系

同时，移动医疗App更重视用户体验和评价，在这个平台上，医生和医疗服务被公开，患者可以直接点评，医生靠能力和口碑赢得患者，如果患者满意医生的服务，甚至可以选择自己的家庭医生。移动医疗App平台可以帮助提升医生服务能力，得到患者信任，获得回报。

（4）移动医疗解放部分医生

提到医生网络问诊的空中诊所，也就绕不开线下的实体诊所，医生自由执业。直到现在，我们国家的医疗行为都是以医院为载体进行的，无论是预约挂号，还是诊疗或者支付，都是以医院为中心。而医生是附属于医院的，离开了医院，医生就很难做其他的事。而未来移动医疗的魅力就在于，经过不断发展后，可以使一小部分医生解放，独立执业。

1）医疗信息化

医生自由执业的基础：医疗信息化，规范病历采集。医院的信息系统都由医院投入。自由执业的医生如何采集病历？这是规范化诊疗的需求，信息化、医疗云、1人HIS势在必行。未来还会有一些自由执业的医生会和医保、商业保险对接，因为打破垄断后，会有一部分集团购买私人医生服务。

2）第三方检验机构

医生自由执业基础之二，是第三方检验机构。临床医生除了问病史、查体，还要做验血或验尿等常规检查，或者胸片、B超、心电图、CT、核磁共振等。而且还有医疗安全的问题，因为医生即使有把握了，还是得做检查，留下客观证据。没有这些辅助检查的人员和设备，这部分需求如何解决呢？临床医生需要第三方检验机构，并且结果得到互认，有一定权威性。第三方检验机构完成全国布局。例如二级市场标的有迪安诊断，以及非上市公司艾迪康和广州金域，当然还有达安基因。

3）可穿戴硬件

医生自由执业基础之三，是可穿戴硬件。主要是一些体征监测和患者管理，这可能会解决一部分问题，尤其是配合私人医生进行点对点监测，或者数据上传云端，由计算机搜索或众包的方式来解决，甚至可以进行深度学习和大数据分析。近来各糖尿病App活跃，而百度云健康也是这个思路，构建一个生态，对接所有的移动医疗硬件。Google Fit的作用和苹果推出的HealthKit意义类似，为第三方健康追踪应用提供追循数据、存储数据的API。为了协助研究人员和医疗从业人员收集与整理病人的医疗数据，覆盖乳腺癌、糖尿病、帕金森综合征、心血管疾病和哮喘病等，苹果在2015年3月推出了一款模仿AppStore打造的医疗健康服务平台ResearchKit，这是个开放式平台，允许医学界专业人士创建诊断类App，接入iPhone。

4）网上售药

网上售药也不断突破，快速增长，为自由执业和医院去中心化打下基石。个体医生不可能按药品经营质量管理规范再配置一个药房。没有网上售药，医生根本不可能自由，一切都是空谈！所以互联网医疗带来了电子处方，网上售药，还有一部分药店卖处方药，这是一个不可逆转的趋势，不用去纠结安全、监管等问题，技术上能解决的问题都不是问题。网上售药改变了整个流通体系，一些实体药店利益会受损，但是大的药企会受益。

综上，伴随着互联网医疗的一步步深入，医院的部分职能正逐渐被剥离，部分职能外化到网络上：诊前网上预约挂号交费，网上问诊，网上规范化病历管理，网上售药等等。医院的检查检测职能也外化到线下医生诊所、第三方检验公司、可穿戴设备等等，医院去中心化趋势不可阻挡。

（5）借力互联网，线上问诊线下诊所精准匹配

2015年5月7日，握有每日8万在线问诊量的春雨宣布，于全国5个重点城市开设25家线下诊所。每一个用户都将配备一位线上私人医生，帮助用户建立电子健康档案，实时在线监测日常数据，并在用户需要线下就医时帮助用户转诊至春雨诊所，用户在诊所完成诊断、治疗后，线下医生回归线上与患者保持持续沟通，直到患者康复。中国妇产科医院联盟副秘书长马国民介绍："目前的诊疗过程当中存在巨大的资源浪费，通过线上加线下的模式，完成'线上健康档案-线上咨询分诊-线下就医'更合理的流程，实现医院—医生—病人的精确匹配，和医疗资源的合理调配。"

作为拥有最多医生资源的丁香园切入互联网医疗也开始落地。按照丁香园目前的规划，首先在杭州开设全科诊所，主要为愿意多点执业的医生提供诊疗服务平台，让医患双方最终在线下完成就诊过程。

平安也正虎视眈眈，紧密布局。借着"平安好医生"App积累用户，平安"万家诊所计划"投入500亿，用10年时间开设万家诊所，以打造类星巴克连锁店模式的带有统一服务标准、

统一装修标准和统一收费标准的"平安诊所"。该计划在2015年将会有突破性的进展。"平安好医生"所有的金钱付出、平台搭建、用户获取、服务提供，最终都将剑指唯一目的：商业健康保险。

一系列动作后，最终形成以家庭医生和专科医生联动的线上医生+签约名医和门诊医生联动的线下组合。在平安健康看来，吸引用户的核心是好的医生和服务，及时精准的治疗，玩的是钱和实力，平安前期的大量投入是构建用户认可的过程。

（6）社会保险和商业保险相嵌合，提高保险效率

我国最早的医改不涉及商业医疗保险，在后来的医改中虽然有了定位，但是医疗体制市场化改革的走向使得保险机构在整体价值链中处于弱势，参与度很低。在我国未来的医改过程中，要建立多渠道多层次的医疗保障制度体系，其中，商业医疗保险发挥的作用在整体医疗保障体系中已被明确定位。那么如何提升商业保险的使用效率，使其与社会医疗保险相嵌合，共同服务于我们的医疗体制呢？答案是：移动医疗。

医改发展的近几年来，国内部分地区根据自身社会医疗保险发展的层次和实际需要，分别制定和试行了不同的、有地方特色的社会医疗保险业务委托商业保险公司管理的模式。其中比较有代表性的地区模式主要包括：以大病补充保险为主要内容、再保险为主要形式的模式，以新农合或城乡居民基本医疗

保险经办服务外包为主要特征的模式，以及以"基本医保+补充医保"全面委托外包为特征的模式等。

社会保险和商业保险结合主要有以下几点好处：

一是引入市场机制，有利于提高保险的管理效率，提高了医疗保险保障水平；

二是利用商业保险公司的组织网络资源，降低政府管理成本；

三是提高服务质量，利用商业保险公司强大的信息处理系统和专业人员可迅速完成报销审核、稽核工作，及时完成补偿支付；

四是将经办管理服务委托给商业保险公司，有效避免了因政府管办不分造成的"既当运动员又当裁判员"的监管缺位等问题；

五是利用保险公司的风险管控技术，有利于控制医疗费用的过快增长，降低社会医疗保险基金的运行风险。

医疗保险是如何与移动医疗相结合从而颠覆医疗流程的

1）健康险能够建立以患者为中心的长期跟踪的结构化数据库。有了用户长期的健康档案、病历资料，定价核保的风险就能降低。美国人口健康信息化管理工具，可以自动识别出有疾病威胁的人，之后再激励他们购买健康医疗保险。而用户的这些数据资料可以通过互联网或移动互联传到保险公司或第三方后台，变成结构化数据，提高理赔效率，也降低骗保概率。现在，平安人寿的客户已经可以通过手机拍照上传病历、发票等材料进行自助理赔，之后再预约服务人员上门收取发票病历等相关材料。以互联网医疗服务为例，部分保险公司已经开始"自力更生"，或借助"外脑"与创业机构合作，探索互联网医疗创业的盈利空间。带着互联网的技术，保险从传统的凭单据为被保险人核保核赔，发展到借助可穿戴设备、App、网络问诊、评估理赔。同时，互联网式自助索赔和理赔软件，既能帮助理赔机构节省花费，又能保证赔偿金透明化，让普通消费者能够理解理赔程序。

2）引入可穿戴设备帮助用户管理健康。比如最近新型保险公司Oscar Health和可穿戴设备供应商Misfit合作，为会员免费提供可穿戴设备，进行锻炼辅助和健康跟踪，能够在规定时间内完成锻炼计划的会员将获得最高每月亚马逊账户20美元的奖励。

3）通过App管理用户健康，收集用户数据。App平台"乐动力"对接大都会人寿的"出行保"和"运动意外险"，"乐动力"是一款能够自动记录日常运动数据的手机应用，除了基础的计步功能外，还可以记录出行轨迹、卡路里燃烧，以及PM2.5吸入量，除此之外，"乐动力"还引入了社交元素，用户可以查看附近使用"乐动力"的人的计步排名情况，还可以关注对方并发送点对点信息。在"乐福利"功能板块，用户可以凭运动获得的乐动力积分来换取相应的保险产品。泰康在线与咕咚达成合作，共同开启了互动式保险服务——"活力计划"：分享自己的运动数据和体验，即可享受个性化的保险服务，甚至是一定的价格优惠。"活力计划"旨在鼓励用户将每一次运动的数据都记录下来并上传，即在传统保险提供的经济补偿的基础上，泰康将为其用户提供额外的利益。这些健康数据可以是定价核保的依据，也可以作为评估分红的基础。泰康在线将通过咕咚网的数据接口获取参与用户的运动数据，结合每个特点，为个人用户打造保险资费优惠、礼品馈送等个性化服务内容。

美国国内领先的医疗保险企业——联合健康集团（UnitedHealth Group）在 2013 年 6 月，与心脏监测服务提供商 CardioNet 签订了三年的协议，购买大批产品，为其超过 7 000 万的医保客户服务。2014 年中旬，它推出了一个 Health4Me 移动应用程序，包含了运动和健康跟踪系统功能。9 月份，又拿下和婴幼儿食品生产商 Humana 的合作，并在 iOS 8 的 HealthKit 平台上推出相关服务。而 Humana 推出了一款名为 HumanaVitality 的 App，可以同耐克、Fitbit 以及 Garmin 所研发的运动和健康跟踪系统设备相互保持连接。而苹果也正与联合健康集团就健康数据追踪的合作展开讨论，可谓一刻不得闲。

4）通过网上问诊平台为用户提供服务，提高网上问诊率。平安推出了健康医疗 App "平安健康管家"，包括问疾病、看名医、逛社区、收资讯以及测健康五个模块，并且主打名医问诊及家庭医生概念，以私人健康顾问及名医即时在线咨询为特色，实行一对一的私人医生服务，可为用户提供从就医问诊到日常健康咨询的服务，并可根据用户健康状况，为用户制定个性化健康管理方案，提醒用户保持良好的健康生活习惯。据动脉网了解，自上线之日起，"平安健康管家"会在每周推出"名医来了"系列问诊活动，邀请国内三甲医院医生坐诊，包括乳腺科、儿科、泌尿外科等10个科室，与用户进行线上医疗互动。会员基数相对较小的情况下，控制风险相对还比较容易。但随着人数增加，这种简单核保的低价模式面临的风险很高。因此未来这样的模式更可能成为传统保险前段基础医疗和健康管理的一个入口，分担传统保险一部分风险，更关键的是获得和会员更多互动的机会。而后续的健康风险仍然要有赖于传统的模式来进行。两者并不互相排斥，相反可以相辅相成。

5）通过医药电商推出医药险，促进互联网医药购买。阳光财险携手天猫医药馆、淘宝保险推出一款名为"天猫医药险"的产品。据动脉网了解，"天猫医药险"是国内第一款开辟全程在线医疗模式的新式保险。用户通过24小时不间断的医疗专家电话健康咨询，根据医生建议去天猫医药馆购买药品，确认收货后有保险公司无条件直接赔付药款，不过保险受益人限制了年龄，为18~45岁年龄段的群体。

（7）药企生产流通渠道改变

市场趋势流转永远向着成本更低、效率更高的方向演进。互联网医疗顺势切入，除了医院去中心化以外，相关生态也会产生很多变化：

第一个变化，由于医生自由执业出现，会对一些二级医院、地段医院形成竞争，因为这些医院要为老百姓开慢性病药物才能生存，如果少了这块，哪怕萎缩一部分，整个医疗资源就必然会重新配置，而个体医生的成本更低。

对药企来说也会有变化，因为网上售药开放涉及整个医药生产和流通的模式。传统医药分销模式主要有三种：第一种是带金销售给回扣；第二种是学术推广；第三种是医药代表与医生个人关系的建立。而处方药才是医药流通的大头，那么处方药解禁，医生自由执业后，这几个医药分销模式都会出现一定变化。以前医药代表主攻大医院，因为药源主要在那里。如果长期慢性药物处方从网上走，需要拜访的医生就会变得非常分散，会让业务员疲于奔命，无论你是叫医药代表还是叫医药联络员都一样，药企再按之前的模式去覆盖就会很亏，成本收益比显然会下降。因此在很多年前，大型药企尤其是500强，就开始走网络营销或数字营销的医药分销模式，目前我们国内也在跟进。这种数字化营销，能够将药品信息快速送达目标医生，精准销售。因此，医院作为药品利润中心的地位正逐渐被削弱，网上售药也逐渐改变了医药营销、生产流通渠道。

（8）拓宽继续教育培训的途径与形式

继续医学教育，即医生通过阅读书籍和杂志、撰写论文、参加继续医学教育项目培训、学术会议以及与同事交流，使用以技术为基础的教育方法完成继续医学教育义务，政府或医学界学术团体通过实行学分制来保证医生履行继续医学教育医务。但现在传统的医生继续教育模式问题突出。西南大学一篇硕士论文的调查显示了"工学矛盾"问题，66.2%的医生都认为导致不能参加继续医学教育的最主要原因是时间，繁忙的医疗任务使得他们没有更多时间外出学习，参加培训班和各类学术会议。另一个问题是继续教育项目良莠不齐，各类学习班、培训班等名目繁多，有些内容重复，教学质量差，医生无法辨识。而互联网医疗可以拓宽继续教育培训的途径与形式，采用灵活机动的办学模式，充分利用远程教育、计算机网络以及专业报纸、杂志，也是解决"工学矛盾"的有效途径之一。

在国外，互联网医学教育已经落地展开。美国Doximity医疗社交网络和Cleverland Clinic合作开发了新的医学继续教育系统。新的教育模式将医学继续教育从传统的会堂和研讨会转移到了个人网络空间。Doximity的成员从此不必离开工作和病人去远途参加学术研讨会，而能够在工作间隙使用移动设备进行在线学习，参与讨论最先进的医学研究成果，进而获取医学继续教育的学分。Doximity应用接口开放。医师们只要使用Doximity登录信息，就可以登入多个健康医学网站和App。同时，Doximity整合了数百家专业杂志的RSS源并且可以发送定制新闻，使医师们在忙碌的工作当中也能及时了解行业信息。

（9）远程医疗打破地域限制

传统医疗遇上了互联网，新的问诊模式出现了。"远程医疗技术是目前国际上发展十分迅速的跨学科高新科技，它的意义在于打破地域界限，既可以使偏远地区的患者享受高水平的医疗服务，又可以提高大城市的医疗服务水平，还可以提高医学自身的水平，更合理地配置医疗资源。"

根据媒体统计，2014年以来，针对远程医疗实践的政策不断出台。2014年7月，国家发改委、民政部、国家卫计委下发通知，决定在北京市第一社会福利院、大兴区新秋老年公寓与首都医科大学宣武医院，湖北省武汉市江汉区社会福利院、东湖高新区佛祖岭福利院与湖北省武汉市第十一医院，云南省昆明市社会福利院与云南省红十字会医院，合作开展面向养老机构的远程医疗政策试点工作。2014年8月底，国家卫计委出台了《有关推进医疗机构远程医疗服务的意见》，明确规定将开展远程医疗的责任主体限定为医疗机构。

和医院与医院之间的远程医疗不同，网络医院让患者与医生直接交流，而不是医生和医生交流。网络医院的发起主起方是医院本身，主要针对常见病和慢性病，通过后台初步分诊，患者可选择对应的科室和医生，在家门口就可享受到三甲医院的专家服务。在 2014 年 10 月，广东省网络医院经过一个多月试运行，在广东省第二人民医院正式上线启用。这是全国首家获得卫生计生部门许可的网络医院，患者在社区医疗中心或者连锁药店等网络就诊点即可通过视频向在线专家求医问诊。由于我国医疗资源稀缺长期存在，普遍存在"看病难，看病贵，看病不方便"的难题。"网络医院的出现会很好地提升医疗资源的利用率与分配均衡性。事实上，移动互联网正在深刻渗透改变现有的传统就医模式。"

4. 生态共存，动态平衡

"互联网+"医疗正在逐步形成优势：提高医疗机构效率，通过网络实现及时有效的传输；让患者掌握主动权，利用网络实现远程求医问药；全方位采集个人信息，提供个性化服务。有利于将优质医疗资源下沉至基层，主管部门对医疗机构实现更有效的监管。

互联网是一个有利的武器，贯穿医疗始终，降低成本，提高效率。互联网配合大医改政策，可以促进三级诊疗，加强卫生基层力量、村医建设，鼓励社会办医，加强社会市场竞争，保险公司推动，医保推动，符合降费符合空费，提高效率。

我国医疗资源分布不均衡，老少边穷地区医疗条件仍然落后，网上医疗、远程就诊等方式能快捷地将优质医疗资源覆盖到这些地区。据报道，成都市妇儿中心医院联合市内20家医疗机构成立成都妇幼健康联盟，其远程视频会诊系统不仅覆盖到郊区县妇幼保健院，也连接到北京的大医院，使得北京的优质医疗资源及时覆盖到西部基层医疗机构。

我国的医疗行业很特殊，在医疗行业不断优化的过程中，会出现多级生态变化和对种状况并存的情况，这是由于我国医疗行业发展特别不均衡导致的，但是不管层级如何变化，移动医疗重建和颠覆的医疗流程整体变化趋势都是成本更低、效率更高。

互联网和移动互联网正撬动着传统医疗行业，但想要颠覆传统医疗模式还是任重而道远。传统医疗和互联网医疗两种生态都会存在，并形成新的市场格局。生态演化后本身又会被新的流程打破，逐渐趋向动态平衡。

医学专家

陈旭东

下篇
趋势篇

第十二章

"互联网＋"：改变人类的生活轨迹

互联网自20世纪80年代末进入中国，至今已近30年。早在1987年9月20日，时任亚太地区互联网协会中国组副主席、国务院信息化工作领导小组信息安全工作专家组员、中国互联网络信息中心工作委员会副主任的钱天白先生，向卡尔斯鲁厄大学发出了中国第一封电子邮件："穿越长城、走向世界"，从而在中国首次实现与互联网的联接，使中国成为国际互联网络大家庭的一员。

而今，近30年的岁月即将过去，其间，互联网经济经历了1.0时代（信息爆炸、新闻传递）、2.0时代（全民皆网、疯狂互动），步入了3.0时代（自媒体、大数据、O2O），乃至4.0时代（"互联网+"、工业4.0）。尽管中国的互联网络起步略晚于发达国家，但凭借庞大的用户基数，作为一个跟随者对于全球互联网络的发展也发挥了至关重要的作用。近年来博客、论坛、微博、微信等兴起，中国不仅迅速赶上了国际互联网络发展，甚至有领航的势头。究其原因，社交媒体崛起后的"人人自媒体"功不可没，自媒体时代来临后"用户行为变化"至关重要！而今，自媒体、大数据、O2O、"互联网+"接踵而至，用户行为轨迹也因此不断发生颠覆性变革，随之，也推动着舆论环境、传播环境、商业环境乃至政治环境。不仅如此，相信未来很长一段时间，"互联网+"也必将处于风口浪尖，到底"互联网+"对于人类社会有怎样深远的影响和变革呢？答案也许未来才能知晓。目前也许我们可以做一些方向性的探索和推导。下面笔者就以人为本，分别从"互联网+"对于人与己之间的自我关系、人与人之间的群体关系、人与媒体之间的舆论关系、人与商业间的经济关系以及人与社会间的政治关系的变革进行剖析和探索，以期找到答案的方向或者思考的方法。

1. "互联网+"变革人与己之间的自我关系

"互联网+"下的人与己：懒、宅，高端动物的低端化发展？

相信看过《黑镜》的，都会被黑镜的画面、故事所震撼，回想《黑镜》第一季上线的时候，相信很多观者和笔者一样抱着一副看科幻片的心态，对于其中的画面、故事持有坚定的不屑和自然的排斥，笃定了影片中的故事、镜头、人性纯属虚构，艺术永远都不会照进现实。而今，回头看来，疯狂的晒、冷漠的拍、失控的宅……桩桩件件都针针见血地扎进了现实，而这惨烈的现实并未因地域的不同、文化的差异、经济的异同而有所区隔，伴随着全球经济一体化大潮瘟疫般地"穿越种族、裹挟世界"！在地球村上迅速地出现了一个族群：低头族。相信在迄今为止漫长的人类历史长河中，没有哪个时期出现过如此规模庞大的跨越时间、空间乃至文化的思想和行为高度一致的族群。这个族群同时也是对于"互联网+"变革人与己关系最核心的族群。这个族群有着怎样的特质？又有怎样的物理属性、精神境界呢？未来又会朝哪个方向进化和演变呢？笔者将分别从三个方面一一解构低头族。

认识低头族——低头族之物理属性

低头族，顾名思义，该族群无论是静态、行动中，抑或是独处时、社交中，50%乃至更多的时间都呈现出头部自然向下倾斜$45°\sim90°$，两手上抬至胸前，紧握一智能手机，目光落于手机屏幕上方，随着手机发出的快慢不一的响声时而欢笑，时而呆滞，时而用手指轻轻滑动屏幕，时而急促敲动键盘。他们以此状读书、看报、吃饭、购物、旅游、聊天、理财……生活中的大小事宜，貌似都能凭借具备"互联网+"基因且囊括于手机中的App群一应解决。为了便于阅读，笔者暂将此标志性行为称作"刷屏"模式。

在刷屏模式中，低头族大抵有如下五种行为及习惯：就餐先拍照，旅游全程报，隔空拍马屁，心境全靠晒，网上点江山。

（1）就餐先拍照：形式如同祷告，居家或外出就餐时，菜品上齐后，拍摄菜品全景照、局部照、个体与菜品合照以及集体合照。发送社交网络后再行就餐。其间不定时拍摄食物、人物以及人物与食物照，同步晒于社交网络，作为就餐过程的有机组成部分。此行为，多现于低头族中年轻群体、商务群体以及经常外出就餐、旅游群体。

（2）旅游全程报：本着独乐乐不如众乐乐的原则，低头族们会全程播报自己生活过程中的短、中、长途旅行，直播旅行过程中的所见、所闻、体会等等，以此激起其他低头族的羡慕及评论。此行为多现于大小节日，常发生在探亲访友、商务出行的低头族群体中。

（3）隔空拍马屁：此族群将难于言表的工作中的付出、事业上的追求、同事间的情谊、领导们的关爱，通过社交媒体以图文并茂的形式进行展示和记录，在隔空汇报思想、成绩的同时不断激励自己再接再厉、奋发图强。此行为多现于低头族中上班族、小白领群体中。

（4）心境全靠晒：曾几何时，宅男宅女、文艺青年们将自己的观点、心境通过博客、论坛、贴吧表达或展露，但在高手如云的码字界，能够成为版主、楼主，抑或是挥毫泼墨整出一两个精华帖、置顶帖绝非易事。伴随着 140 字微博的出现，一时间处处都是段子手、到处都是鸡汤宅，人人都拿着大喇叭呼喊，事事都能让网民心潮澎湃、大脑充血，一股全民皆晒的浪潮席卷互联网络。而后伴随着微信的兴起，这股浪潮愈演愈烈，就连那些未被微博打动的老同志、潜水族，都未能逃过微信的打劫，纷纷开始晒鸡汤、晒心情、晒段子、晒颜值、晒亲娃……社媒江湖，岂止一个"晒"字了得。此行为几乎成为低头族的入族级行为，不经洗礼，难入族门。

（5）网上点江山：社交媒体的出现后，中国呈现了全民皆愤青的态势，国人调侃"打开电视，祖国山河一片好；登录微博，社会不公时时有"，而今，厌倦了鸡汤、乏味了不公、习惯了网骂，"网上指江山"已然成为"键盘侠"、"网怒症"们生活的一部分。面对社会、经济、政治事件时，他们能够迅速抓住事件的命门，多维度、多角度地表达自己的观点和看法，短时间（黄金 1 小时）内让舆论、意见爆棚，一天后（传播 24 小时）逐渐淡忘。如此周而复始，生活、工作，社会、江山都能一网打尽，唯一改变的是原有聚会的高谈阔论由聚众刷屏取代，原有的思想碰撞被热点话题所淹没。相较于国外低头族通过网路媒体获取新闻信息、资讯，中国低头族们也渐渐由指点江山向获取实用信息转变。

剖析低头族的繁衍历程，发展成今时今日的规模绝非一蹴而就，低头族江湖也有阶层，正因为有了这些阶层的存在，才会让此阶层发展如此庞大，也正是由于低头族群的发展壮大，才让"互联网+"呈现出更加快速、全面、深入的发展。一组中国网名PC、手机、Pad端阅读使用时长数据，或许能够以点窥面地看出低头族的壮大过程。

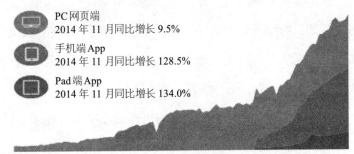

PC网页端
2014 年 11 月同比增长 9.5%

手机端App
2014 年 11 月同比增长 128.5%

Pad端App
2014 年 11 月同比增长 134.0%

2006.7　2007.7　2008.7　2009.7　2010.7　2011.7　2012.7　2013.7　2014.7
中国网民PC、手机、Pad端月度使用时长

总结来说，低头族江湖因与智能手机的关系疏密分为四个不同阶层：入门级、晋阶级、骨灰级、入魔级。

入门级：仅在独处、交流闲暇时启动刷屏模式。

晋阶级：起床先开机，合机不合眼，闲暇时间、碎片时间都被手机占据。

骨灰级：三分钟一瞄、五分钟一刷，不刷手机不知世界，不刷手机没有生活。衣、食、住、行、讯，全在低头的那一瞬间。

入魔级：开车、走路、下楼……以投机的心理不能自已地在任何不可分心的时间低头刷屏，挤一挤时间总是有的。想必入魔级低头族们很少能完整地读完一本微小说，他们口中的江山、观点或许也都是在"低头人生"中的整理、提炼。

触碰低头族——低头族之精神境界

这是一个最好的时代，也是一个最坏的时代。

这是一个最好的时代，社交媒体、大数据营销、O2O 模式、"互联网+"等的发展，让信息传递用以秒计、人类社交实现多维、商业竞争瞬息万变，人类社会实现了前所未有的物质文明与精神文明的高速发展；这也是个最坏的时代，当所有的一切都通过"互联网+"实现后，足不出户就能解决衣、食、住、行、讯所有问题，让人与人之间的交流不再深入、彻底，宅、懒、颈椎病、腰椎病、肥胖症、鼠标手、网怒症……当这些在短短几年时间内发生并愈演愈烈后，人类几千万年的进化成果迅速坍塌。对此，人类是坦然接受？心有余而力不足？抑或是寻找解决方案？

诚然，"互联网+"让人类的物质、精神生活变得更加便捷，但不置可否的是，"互联网+"，也让人类变得更加焦躁，从精神层面上来说，低头族们无法关闭手机安心地吃完一顿晚餐；他们不能心无旁骛地与家人、朋友来一次促膝长谈；他们无法忍受滴滴答答提示铃声的销声匿迹；他们趋之若鹜地去追逐做媒体的新开的咖啡店、卖电脑的新开的奶茶店，他们高谈阔论地探讨咖啡店、奶茶店的商业模式，却忘了品味那杯咖啡、奶茶是否醇香；他们胸怀天下地探讨创业精神、商业模式、社会责任、风投走向……但又有多少人能够真正投入到"互联网+"

餐饮、"互联网＋"医疗……的琐碎。

与其说是"互联网＋"变革了人与己之间的自我关系，不如说只有彻底心领神会"互联网＋"真谛，清晰把握"互联网＋"背后那个传统行业核心命脉，才能够明确自己与"互联网＋"的关系，自身在"互联网＋"时代的生活需求、事业走向。更何况，当国人正在热火朝天地探讨"互联网＋"能"＋"什么、能做什么的时候，硅谷已然已经进入了"新硬件时代"。人类需要的绝对不是"互联网＋"的颈椎病、腰椎病、肥胖症后遗症，他们需要的是能够让残疾人变得更加炫酷的 3D 打印假肢，能够让士兵放下沉重背包悠闲散步的谷歌智能机器驮驴（BOSTON DYNAMICS 制造，被谷歌收购）……

人类自身的刚需才是"互联网＋"的本源。

遐想低头族——低头族之发展潜力

梦想成就了人类，智慧催生了社会，懒惰孕育了经济！

没有梦想，人类不能够直立行走，更不能推翻一个个不合理的政权，成就而今和平共荣的世界。

没有智慧，就无从谈及医学、航天、军事、文学、社会学、经济学等，更不能成就而今繁荣的地球。

没有懒惰，就不能出现如今一片繁荣景象的互联网络，智能设备、社交媒体、O2O、"互联网＋"就不会催生出懒人经济、低头族群体。

总而言之，不管你信与不信，低头族已经成为地球村的核心族群，"低头病"也已然成为现代人的通病，未来，人类将何去何从？要在"懒惰"和"低头"的路上渐行渐远？笔者认为，懒惰或许可以不断激发人类追求更加舒适的生活，但"低头"绝对不是人类期望看到和坦然坚持的，相信也不是"互联网+"相关产业所希望看到的，尽管更多的接触点、更长的登录时间能够让用户有更多的机会消费其产品或服务，但消费或服务的目标是获得更多长线收益，长期拥有身体和身心健康的消费群体价值远大于短期的虚假繁荣。

回答本节开篇问题"互联网+：懒、宅，高端动物的低端化发展？"，笔者认为懒、宅或许是不可逆的趋势，但并不是传统意义上的懒惰和回避社交，而是因懒惰催生出新经济的发展；因"宅"产生更多具有个性、思想的个体，他们会更加明确自己生活、娱乐、工作的圈子，由原来大而全的社交圈子逐步分解为更多聚而精的小众圈层，每个个体都可以坦然生活在自己建立或者加入的形态各异、性格迥异的人际交往圈子中。而对于高端动物的低端化发展，笔者更愿意相信人类能够让技术、"互联网+"乃至"新硬件时代"将其从过往重体力、智力投入的生活中解放出来，去体味更多源自本心的生活方式。但需要时间和过程，能否快速、彻底地转变，更多要拷问人类的本心和人性的弱点。显然，如下图所示，人类已经开始了自我救赎。

最后，笔者用一句佛教用语"放下屠刀、立地成佛"结束本节，"互联网+"会让人类生活更加美好，但能否让"互联网+"的生活更美好，在于个体的本心与体悟。

2. "互联网+"变革人与人之间的群体关系

"互联网+"：全民微商、朋友圈经济替代真情实意？

社交媒体、O2O、大数据、"互联网+"，一步步地聚拢用户、刺激互动、形成圈子，在他们了解当下、表达观点、指点江山的过程中，拉近了普通用户与名人、明星、意见领袖以及陌生人之间的距离，与此同时，六度人脉理论也发挥了前所未有的价值和现实意义。而就在用户晒、分享、享受由此带来的乐趣的同时，社会研究、政治引导、商业营销也逐渐渗入其中，发挥价值。

当你习惯了银行账号给你推送的心灵鸡汤、励志故事以及其表现出来的人格魅力的时候，你也能够慢慢接受它为你提供的贴心的存取款服务的本职工作以及暑期旅游、社区餐饮的"银行+"商业；当你认可你的闺蜜、发小，你也就天然地信赖你闺蜜的朋友、家人、同事向你推荐的面膜、餐厅、护肤品，尽管这款面膜刚刚上线，这个餐厅仅限网销，护肤品为老板自配。

一时间，"互联网+"成了一个炙手可热的名词，一种立竿见影的模式。

当企业凭借社交媒体打通传统的自内而外的产品、服务推销模式与用户、粉丝、消费者自外而内的口碑营销模式后，借助系统化的整合营销思维、完善的大数据营销模式、快速的技术开发能力，营造一个系统化的整合营销阵地，在保持原有盈利模式、盈利收益不变的前提下，探索更多利用"互联网+"提升收益的可能。

而这其中，貌似都是立足于企业的立场、商业的角度去阐释"互联网+"带给商业、经济的冲击和变革，实则一切的本源都在于人与人之间的群体关系。"互联网+"，一方面让人类在空间上减少了与家人、朋友面对面、心贴心的交流；另一方面，又加速了人类在网络上对于微商业、六度友人的信赖。"互联网+"让人与人之间亲密关系的建立不再受限于空间的距离和时间的区隔，让微商业、朋友圈经济的发展更加迅速、辐射面积更加广泛。

回答本节开篇问题"互联网+：全民微商、朋友圈经济替代真情实意？"笔者认为大浪淘沙，在经历了行业标准的建立、市场竞争的洗礼后，那些符合国家相关政策法规、通过行业准入标准规章、满足目标消费群体消费需求的产品和服务，在"互联网+"环境下推动的人与人之间建立的更加容易形成的信赖机制、营销氛围，会让其产品或者服务的微商模式、朋友圈经济发挥到极致。反而言之，如果在"互联网+"推动下更多虚假产品、服务借势营销，产生更多未能了解传统行业核心竞争力而盲目"互联网＋"的商业（如"互联网＋"餐饮，在食物味道和原材料的质量等方面出现了根本性缺陷），与此同时，相关部门、行业协会又未能及时进行监管和规范，消费者最直接和本源的消费需求便不能得到满足，那么"互联网＋"推动的人与人之间的群体关系快速建立、简单信赖的模式就要被消费殆尽，未来如何？唯有未来能给出答案！

"互联网＋环境"下，能够让六度人脉发挥更多价值的不是"互联网＋"，而是人类传统社交中根深蒂固的人与人的信赖。能否将信赖放大、变现，更多在于"互联网＋"背后脚踏实地付出的努力。

3. "互联网＋"变革人与媒体间的舆论关系

"互联网＋"：人人自媒体与唱衰传统媒体的博弈？

近年来，唱衰传统媒体的论调愈演愈烈，人人都是自媒体的浪潮成就了很多创业者，也催生出了很多商业模式，传统媒体人利用互联网络打造的新商业模式也逐渐成为主流，单向街"互联网＋书店"、澎湃"互联网＋新闻采集"、Wemeidia"互联网＋内容生产"都是其中的探索者，暂且不论这些商业模式成功与否，但相较于这些"互联网＋"环境中萌芽并壮大的全新媒体模式，那些传统媒体凭借互联网思维进行的转型和尝试，才是真正推动媒体转型、舆论变革的核心。

社交媒体尚未成气候之前，电视、广播、杂志、报纸用户量连年下降，广告收益持续走低，当微博、微信兴起时，伴随着一家家传统媒体的关张，意见领袖、大号、红人等在社交媒体平台上的呼风唤雨，主流舆论都笃定了传统媒体的灭亡。而今，盛极一时的微博逐步从峰值回落常态，App的营销也不如一开始预期的那样顺风顺水，微信平台的影响力也逐渐趋于理性。反而是那些真正整合了全媒体通路，以平台化运作，以媒体品牌为核心打通线上、线下；传统、新媒体渠道的集团化发展的媒体集团，重新成为媒体的核心和舆论的焦点。

例如，湖南卫视通过App尝试电视节目与微博平台的打通，从而实现电视播出线、网络传播线、舆论发酵线整齐划一的电视节目产品的O2O营销模式；早在《我是歌手》创立之初，它就带着与生俱来的舆论基础，有着歌手背后庞大的粉丝，在系统化的电视、报纸、杂志、网络、视频频道，传统及新媒体等多维度立体化的传播奠定了中国明星真人秀节目的江湖地位，随后各电视台集中涌现出很多明星真人秀类节目，让电视媒体重新成为观众、粉丝关注的焦点。

又如，北京电视台自2013年开始搭建全媒体矩阵以来，无论是BRTN的全新改版上线，还是2014年的春晚传播，都将全媒体营销发挥到了淋漓尽致。就拿2015年北京电视台的春晚传播来说，电视直播、BTV大媒体客户端视频直播、网上商城、语速达人互动App、微博微信传播，话题营销、新媒体直播、边看边聊、线下活动、微商抽奖等多渠道、多手段对北京台春晚进行立体传播。不仅成为电视传播界的经典案例，更是将用户、观众与媒体所有接触点的价值进行了最大化的发掘和变现。

除此之外，另一个一直被唱衰的媒体——广播，也藉由新媒体的发展重新找寻到了独有的媒介价值，凭借广播、新媒体以及线下活动的有效结合，广播节目尤其是交通类广播节目，无论是其媒体价值还是广告价值，都有了更加长足的发展。

而今媒体已不再以传统媒体（电视、报纸、杂志、网络、户外）、新媒体（微博、微信、App）划分，而以自媒体（侧重受众互动）、他媒体（侧重信息传递）界定。"电视媒体"加上"二维码"，就由"他媒体"成为"自媒体"；"普通杂志"加上"同名App"，也由冷冰冰的传统媒体具备了自媒体的属性。这些变革的本源都是人与媒体之间舆论关系的变革，而"互联网+"将会持续推动其变革。

回答本节开篇问题"互联网+：人人自媒体与唱衰传统媒体的博弈？"人人自媒体、唱衰传统媒体背后的核心都是媒体的互联网化，而就互联网化来说，需要满足三大核心要素：在线、互动、联网。媒体的互联网化来说更是如此，不仅如此，可以说是媒体互联网化变革了人与媒体之间的舆论关系，从而上演并加速"互联网+"的发展。

4."互联网+"变革人与商业间的经济关系

"互联网+"：跨界、抄袭、降维打击，技术、专利、产权失控？

近期关于"互联网+"的观点、书籍层出不穷，大有你方唱罢我登场之势，但无论是表达什么观点，"互联网+"更多的都是围绕"互联网+"催生出的商业模式和经济变革。而商业、经济变革的本源都是人类消费行为的变革。

本书中前面几个篇章对于"互联网+"与不同传统商业结合的商业模式、发展现状以及未来趋势都有非常针对性的解读。本章就从"互联网+"变革人与商业直接的关系，从而引发经济变化的角度进行剖析和解读。

无论是人类社会发展，还是人类经济发展，其发展和变革的本源都是人与商业之间的关系发生了变革。当自给自足不能满足人类生理需求、生存需求的时候，人类通过物物交换满足生理需求、安全需求的同时逐步催生出了社交需求。而当他们不再满足于地域局限带来的物质匮乏而去寻求更多物质满足的时候，社交需求、尊重需求也就变得更为重要，由此货币、经济应运而生。而在经历了原始或初级社会的巧取豪夺式的快速敛财、工业革命激发的科技和金融创新、经济全球化的国际贸易和投资自由化，以及目前国家总体经济发展取决于政治领导的四大阶段后，人类对于自我实现的需求、超越自我实现的需求逐渐成为主流和趋势。

在这种情形下，"互联网+"的兴起，于个人而言，"互联网+"能够激发他们审视自身生活及事业追求的全新思考，越来越多的互联网从业人员投身传统商业创业，也有越来越多的传统商业从业者凭借互联网思维去创新。于商业和经济发展而言，不同行业之间的界限和竞争就变得越来越模糊，因此也产生了一些以往不曾存在的问题：抄袭、降维打击，技术、专利，产权失控。

拿小米来说，一个互联网企业成功进入手机行业，在短短的几年时间内成为手机行业领先品牌，更凭借其强大的粉丝基础和成熟的营销模式逐渐涉足电视、房产等更多行业。与国人唯小米是瞻的待遇不同的是，小米首次走出国门迈向世界的时候，并不是那么的顺利，打击并不是来源于产品本身，而是"知识产权"。早在 2014 年初，在收到爱立信印度公司对于小米的指控后，印度德里高等法院日前颁布禁令，禁止小米公司在当地市场进口或销售手机。这份单方面禁令禁止小米出售、营销、制造或进口那些侵犯了"标准关键专利"的设备。法官还要求海关官员按照 2007 年的知识产权法停止进口相关产品。地方官员也被指派到小米设在印度的办公室，监督禁令的实施。虽然此事已成为过往，小米最终也在印度成功召开了发布会，但此禁令至少在短时间内让小米手机在印度热销的势头遭到了打压。

此外，越来越多白领放弃IT、营销、广告光鲜投入到餐饮、医疗、金融等领域创业，当他们在"传统行业+互联网思维"下进行创业的时候，一方面，继承和传承传统行业优秀基因的同时，推动这些产业朝着健康化、网络化、产业化的方向发展；另一方面，又用互联网的思维在这些行业进行降维打击，让那些其他未采用互联网思维的企业承受前所未有的压力。这种降维竞争引发了原有传统行业准入门槛的降低、监管机制的缺失、技术知识产权的缺乏保护等一系列问题。也许这就是"互联网+"推动商业发展过程中衍生出的需要去面临和解决的新问题。

回答本节开篇问题"跨界、抄袭、降维打击，技术、专利、产权失控？"在人类发展史中，没有哪一个历史时期人类与商业的关系如此密切，没有哪一个时期有如此规模和广泛的全民创业浪潮。在商业文明大幅度进步的过程中必然会出现一系列问题，恰恰是这些问题在推动新商业的快速迭代、良性发展。相信在"互联网+"商业准入机制的变革、国人专利意识的加强、行业监管机制的完善中，"互联网+"让人与商业之间的经济关系更加稳固和健康。

5. "互联网+"变革人与社会间的政治关系

"互联网+"：无政治边界兼容并蓄的全球文化？

"互联网＋"不仅变革了人与己之间的自我关系、人与人之间的群体关系、人与媒体之间的舆论关系、人与商业之间的经济关系，其最根深蒂固的变革是在于变革人与社会之间的政治关系。在中国，之所以社会化媒体能够在短时间爆发式增长，在微博、微信上迅速聚集上亿粉丝（2014 年底，微博月活跃用户近 1.76 亿，微信月活跃用户 5 亿），在如此庞大和活跃的用户基础上，任何社会事件、经济事件、政治事件都能够以秒的速度扩大。也正因为如此才涌现出了一件件类似"冰桶挑战赛"之类的三天之内席卷全球的营销事件。

没有哪个时代，公众对领导人、政治有如此高的关注热情、如此便捷的信息通道，以及如此强烈的参与意愿，人类每一个个体都希望与政治"共生、共享"，而"共生、共享"也正是"互联网＋"最本源的逻辑[①]，即"共生经济，众享价值"。无论是人与国家之间的社会关系抑或是国家与国家之间的外交关系，总之，人与社会之间的政治关系，都讲求"共生、共享"，"互联网＋"只是让这种关系变得更加紧密、透明和可信。

拿美国来说，传统的票选制度与互联网思维结合，从而使得美国的大选过程更加公开化、透明化，领导人可以通过Facebook、视频平台，让自己的竞选观点、宣言被更多的人知道，选民们可以通过 Facebook 等网络化平台实时、快速地知道自己所支持候选人的风采和结果。而在中国，如前所述，也

---

① 引自陈春花《互联网＋的逻辑：共生与共享》。

正是因为有了社交媒体，为国人搭建了一个前所未有的舆论平台，他们可以通过微博、微信去表达自己对于国家、政治的观点和看法，而作为国家领导阶层，他们也以全新的互联网化的思维去面对新环境下的舆论，搭建自有社会化宣传阵地（例如学习粉丝团、彭妈妈粉丝团等），用轻松、平等的方式去迎接百姓的挑战，处理诸多社会、经济乃至政治问题。其中，也有一些有着"互联网＋"思维的企业借助政治事件取得了前所未有的成绩，例如彭妈妈的御用服装品牌"无用"的意外走红，不仅成就了"无用"的品牌价值，更让中国的民族服装产业站上了国际舞台。又如"一带一路"政策的提出及实施，不仅仅给予亚洲一次新的腾飞机会，更在于激发相关传统产业（例如茶等）借助"互联网＋"的趋势成就寻求更快发展，不仅能达成政治目标，更能收获经济收益，让国人在国际舞台上赢得更多地位与力量。

总之，在"互联网＋"环境中，国与国之间在处理人民与社会之间问题时越来越表现出无政治边界的兼容并蓄发展，从而形成一种全新的"互联网＋"式的全球政治文化。

回答本节开篇问题"无政治边界兼容并蓄的全球文化？""共生、共享"是人类发展的必然，要实现"共生、共享"，无论是在政治层面，还是经济层面，都需要人类不断付出努力。相比较而言，经济目标的达成更多依靠科技的发展、市场的调控，相对会比较简单和容易。政治层面目标的达成就因文化、地域有所差异，但在无政治边界兼容并蓄的全球文化的趋势下，人与社会之间的政治关系将会进入更加良性和有序的发展。

整合营销专家，博通远景创始人

李子雯

第十三章

"互联网+"：创造新的产业机会

如前所述，市面上关于"互联网+"的观点、看法更多围绕其对于商业模式、经济发展的变革展开。而这中间的主体则为"产业"。"互联网+"变革了人类的行为轨迹，催生出了许多新的产业机会，也倒逼更多濒临淘汰的行业、企业主动变革。

"互联网+"环境下，无论是在传统行业基础上进行互联网思维的变革及创新，抑或是催生出很多具备互联网思维的新的机会及产业，毋庸置疑，"互联网+"创造了更多新的企业发展机会，而这些发展机会概括来说主要表现在如下三个方面：1. 更垂直、更细分的产业；2. 低门槛、更便捷地创业；3. UGC、扁平化的创新。

1. 更垂直、更细分的产业

如果说，"互联网+"推动了互联网和传统产业的交融、发展，那么"互联网+"必定会加速各产业格局的洗牌和重组。在这个过程中，行业竞争和企业发展变得更加垂直和细分，以满足更加细分和垂直的消费需求，加之过程中更加活跃的创业浪潮、更大规模的创业族群以及更加积极的资本支撑，势必会催化新的产业或者激发更多产业去中心化、小范围寡头式、大范围内长尾化发展。换言之，当技术不再是核心竞争力，当商业模式不再具有绝对杀伤力，当雇佣关系逐渐被合伙人模式取代，当创业想法更容易获得资本支持的情形下，每一个行业的竞争对手不再仅局限于本行业，多年时间空间、口碑的积累已经不再是优势的时候，任何一个领头企业随时都有可能被拉下神坛（例如诺基亚、摩托罗拉的没落，苏宁、国美等线下渠道的困境），任何一个初生个体都有可能颠覆整个行业。更加细分、更加垂直的发展就成为必然。

当这些企业面对细分化、垂直化的冲击时，谁能够找准本企业品牌价值的核心要素，快速把握"互联网+"与本企业结合的关键利益点，谁就能够在"互联网+"的浪潮中立于不败之地。

举个例子，当媒体、电商都在争相开咖啡店、奶茶店的时候，那些原有咖啡店、餐饮店的企业该如何应对。

案例一："漫咖啡"未炒作创业概念，而是将关注焦点放在了咖啡店的本源：好的选址+好的味道+好的环境+好的服务+好的管理。自2011年开业，短短四年时间内，已经遍布中国大小城市，而且定下了十年内 3 000 家店的扩张目标。

案例二：在面对咖啡文化萌芽并快速起步的中国市场，"麦当劳"选择在原有店面中以"店中店"的模式迅速铺设"咖啡厅"，在这个咖啡店技术不再是核心竞争的行业中，稳定客流、庞大渠道以及低成本建店就是麦当劳的绝对优势，其成功概率也会大大提高。

由此，笔者认为，"互联网+"于企业来说，会创造更多新的机会，而这些机会的首场战役就是细分化、垂直化。

细分，不仅仅是产业变得更加细分，有更多满足细分需求的企业应用而生，也预示着有更多行业领头企业需要不断地发掘消费者潜在需求，通过微创新来达成和满足受众的细分需求。

而就垂直化来说，垂直并不仅仅是去中心、去渠道，而是能否用更短的营销路径直戳消费者的消费初心，让消费者感知到的消费过程变得更加垂直和高效，也许背后需要企业付出整合所有资源、平台、技术以及资本的更加全面和深入的投入。

2. 低门槛、更便捷地创业

身处这个时代，作为一个企业家，你发现你不仅要面对看得见的本行业原有的竞争对手，更有可能受到来自其他未知对手的打击，有些竞争你能够轻松应对，而有些竞争你竟无从下手；作为一个企业管理人员，招人、换人，比以往更加的频繁和困难，没有哪个时期企业大面积地面对如此艰难的人力资源困境，打拼多年的兄弟在积累了人脉、资源后选择独闯一片天地，初入职场的新人个个野心勃勃地跟你探讨发展空间及股份抽成；作为一个普通工作人员，你按照"先工作再创业"一步步发展的时候，发现比你有资历的已然快速闯出了一番模式；那些初入职场的新人，他们没有资源、经验、人脉，但用激情、思路拿到了风投。一个创业门槛极低、人人都可创业的时代来临啦！

而今打开电视，创业类节目比比皆是，创业模式花样繁多，仔细研究，貌似只要稍加变革、稍聚资源自己也能够创业，也能拿到风投。但拿到风投之后呢？当创业者进入资本投入铺大的那个"大范围的长尾"中，又该付出怎样的努力才能成为"小范围寡头"中的一员呢？互联网行业有个不成文规律，做活一二、做死三四。而要成为这个一二，不仅仅是理想、资源以及初始资本就可以支撑的，风投并不是慈善。要知道，有些风投的投入仅仅是为了建立跑道、做大模式、培养冠军。

基于此，对于拥有创业梦想的创业者们来说，在低进入门槛、人人都可以创业的时代，到底创业的初心是什么，拿什么来去创业，用什么去撬动那个唯一的冠军？这些都需要想清楚，在绚烂的创业浪潮过后，或许会有很多创业者能够拨开"低门槛、更便捷地创业"的迷雾，抓住创业迅速成功的命门，争取成为跑道中的那个领跑者；同时，相信也有很多创业者会回归企业，成为那个帮助企业微创新、领跑行业的那个关键人物。

或许，未来，"互联网+"能够推动人们对于"低门槛、更便捷地创业"的全新认知。无论是自主创业，抑或是企业内部创业，只要能够获得更多机会、更多支持，成功是一定的，因成功带来的满足感也都是相同的。

3. UGC、扁平化的创新

本节，引用网上无名氏帖子的一段开篇，文中说"在中国，移动互联网创新力增强的本质原因：'互联网+'在各行各业开展，吸引海量创业者涌入，大家绞尽脑汁 Think Different 并且执行出来，进而创造出各种各样的模式、产品和功能，形成中国特色的移动互联网业态，其中一些，在海外市场有被复制的可能"。

UGC（用户创造价值），由来已久。起初，更多的是被企业利用，依托于社交媒体、O2O，用以激发用户创意，从而完成更加广泛、深入的传播，达成更具有价值和吸引力的营销。伴随着"众筹"、"互联网+"的发展，越来越多的企业和创业者发现，"众筹"不仅仅能筹集资本、资源、渠道，激发更多的"众筹的伙伴"、目标用户，创造更多全新的机会和商业模式，才是其核心价值所在。与其说是"互联网+"创造了更多新的企业机会，倒不如说，是"互联网+"激发了更多不安份分子的思想，发挥他们的价值、付出他们的热情，手拉手创造更多机会。而这一点，在中国之所以表现得尤为明显：其一，中国有庞大的人口基数；其二，尚处于发展中国家的中国以往缺少创业机会；其三，我国政府将"互联网+"当作一项战略进行推进；其四，我国很多传统产业不成熟，改进空间巨大；最后，国人思辨思想、扎堆意识根深蒂固，能够让"互联网+"快速达到舆论高点。

在创新更多依靠UGC的过程中，更多创业者选择在想法阶段去分享他们的想法，那么就有更多新进入者博采众长；有更多创业者去寻求资本支持时，就有更多投资方去甄选更优的模式、更具潜力的团队。无论是投资跑道、抑或是笃定精品，投资者也前所未有地接触了更多的一线创业者，也就有更多空间去甄选更优质的项目、匹配更优秀的团队，从而赢得更高效的回报。由此，创新、创业就呈现出越来越扁平化的发展。

最后，笔者想说，UGC、扁平化，风投、资本随处可见，人人都是创新英雄，这个看似简单、容易的创新市场，其实正在"互联网+"的推动下变得更加有序和高效。这个变革的过程也许不会持续很久，在这个过程中企业能否真正找准垂直、细分的产业、利用UGC、扁平化的趋势创新，在低门槛、便捷的环境下进行自主创业或企业内部创业，那么就能在"互联网+"的浪潮中获得更多胜算。

回归本源，世界是平的。绚烂烟花的感动抵不上细水长流的温暖，大起大落的辉煌比不上稳扎稳打的踏实。无论是"互联网+"，抑或是"互联网-"[①]，人类需要的是打动人心的产品、按需提供的服务，企业需要的是百年长青的基业，力求最大的收益，社会需要积极向上的能量、万物平衡的世界……

整合营销专家，博通远景创始人

李子雯

---

① 互联网对商业的降维打击。即"互联网-"，引自刘润《互联网+战略版》。

第十四章

"互联网+"之未来：世界是平的

"互联网+"是一个极具中国特色和时代特色的动词，李克强总理正式提出"互联网+"，不仅仅是创新，也是中国政府新形势下必须面对且顺势而为的战略抉择，一方面，中国经济站在转型的重要时期，人口红利和土地红利不再，粗放型经济难以为继；另一方面，中国传统产业的发展相对滞后，在体验和效率上可改进空间大，而中国互联网基础技术在传统行业的应用远不像美日欧等国家那样深入和广泛。

　　李克强政府试图利用"互联网+""充分发挥互联网在生产要素配置中的优化和集成作用，将互联网的创新成果深度融合于经济社会各领域之中，提高实体经济的创新力和生产力，形成更广泛的以互联网为基础设施和实现工具的经济发展新形态"。"互联网+"也是国家"两化融合"的升级（工业化、信息化），为云计算、大数据、物联网的发展提供了巨大的发挥空间，在创新应用方面，"两化融合"只适合大型企业和高端人才及特定的行业，而"互联网+"适合所有的企业、人员及所有的行业，比如普通农民也可以通过云计算平台参与"互联网+农村"，显而易见，"互联网+"弥补了两化融合的不足。

在这场产业运动中，政府带头背书，BAT等大平台极具使命感的推波助澜，中小企业高度参与，"互联网+"势必将在传统行业不断引起一波又一波动荡乃至海啸级的变革，可能带来各种正负面的效应；当然它也会带来只属于"中国"的市场红利，赋予中国传统行业在经济转型期更多的活力，正在或者将要加速推动整个传统行业的升级和变革。

伴随这种"互联网+"热潮，传统行业从大佬到中小创业者积极摸索"互联网+"，大胆尝试各种新玩法，这里面不仅包括一种低纬度物理融合效应，即简单的加法，从两会至今，"互联网+"玩法更多体现在这个层面，比如不少传统实体店和各种旗舰店，去部署自己的电子商务网站，或者直接入驻京东、天猫等大平台，拓宽渠道；还包括一种高维度的"乘法效应"，即多触角发力，充分利用资源横纵向以及各种异形整合，大开脑洞，敢做减法，也敢做除法，模糊互联网和传统行业界限，轻装上路，开放、共享、共赢，比如海尔的"U+智慧生活战略"，还有一些企业放下身段和戒备，同业间大胆重组，比如58和赶集的组合，从圈地行动，走向深耕垂直细分行业精细化运作。

其实，最初的互联网的发明者一直想利用互联网技术解决信息与信息之间的"互联互通"，随着云计算、大数据、人工智能的发展以及web3.0时代到来，互联网的价值已经从"互联互通"转变成"具有广泛含义的"连接，即信息与信息、人与物、物与物之间的连接，结合"互联网+"是指包含传统行业的物质内容、信息化、信息之间的连接方式，即"互联"。其中互联是核心，不同的连接形式得到的整体技术效果是不同的，包含了人工生命的思想，是智慧地球的初级阶段。而前年的热词"互联网思维"声称解决"用户体验"问题，则是互联网的执行方法论。无论是"用户为王"还是"DT思维"，或者互联网化，最终想要解决的都是以用户为基础的效率问题和体验问题。

那么这场关于"互联网+"的运动，最终会走向何方，我们可以从下面这些讨论中窥见端倪。

1. "互联网+"之众创时代到来

消费互联网余温尚在，互联网向传统行业降维打击，O2O走向细分化、个性化。

尽管产业互联网势必会成为未来主力，然而消费互联网的红利并未消失殆尽，"互联网+"在政策红利推动下，和政府推出的"众创"的政策红利交相辉映，大众创业、万众创新，彻底点燃全民创业热情，平民英雄辈出，从乡镇创业的草根、到知识分子下海再到留学生归国创业，个体创业者将会得到更多的平台化支持，而中国源源不断的高校毕业生，也形成了创新创业的生力军。创业成为经济发展的补充，作为增量发展予以关注。而"互联网＋"的众创空间，就是基于原来的线下行业向线上结合，产生新的创业点，需要启用新模式、新业态，来改变传统产业，拓展网络空间。

阿里巴巴集团移动事业群总裁俞永福说："如果过去的十年互联网是在重构效率，解决信息的透明度，未来，'互联网＋'产生的经济价值将远远高于传统互联网，因为它重构了经济最核心的供需，把社会资源充分利用起来，创造了新的消费场景。"俞永福的观点很具代表性："互联网＋"成为全社会讨论的热词标志着传统互联网时代已经结束，但也打开了一个新的世界，任何行业都可以与"互联网＋"在一起。这也让"创业成了一种病"。对此，俞永福说："这可能是一个最坏的时代，代表传统互联网创业时代的结束，机会窗口的关闭；但这也是一个最好的时代，'互联网＋'带来的新机遇远远超过它终结的那部分，再小的初心和梦想都能成为创新之源。"

这造就了一个新的趋势和新的机会——O2O，伴随着一个以移动化、个性化、社会化、本地化为核心特征的全新的互联网发展阶段的到来，市场渠道开始多元化和消费方式开始个性化，我们原有的生存环境逐渐发生变化，互联网对于生意和生活的影响已然显而易见，消费者期待无缝的O2O，即线上到线下的体验。互联网开始加快向实体经济渗透和对传统行业进行改造的步伐，向传统行业发起降维打击，各个细分传统行业比如教育、医疗、餐饮等都被裹挟进来，经历从线下走向线上的革命，沿着线上—连接—线下这个轨迹，颠覆了传统数字化信息传播方式。在新的生态系统中，重建消费者、供应商、竞争者之间多层次的交互关系为行业带来全新课题，也造就了O2O这一新的互联网经济模式，这一次的变革将促成互联网与传统行业在价值链各个关键环节的深度融合，互联网将进一步走向工具化和基础设施化。

这种降维攻击之风愈演愈烈，我们可以看到资本市场高度青睐各种O2O细分创业市场，我们也看到例如饿了么在2014年拥有了将近1.1亿订单，而这个公司是一个初创团队为几个大学生、成立不到5年的公司。仿佛一瞬之间，所有的服务，不论是做饭的，还是按摩的，都不需要店面了，都可以上门服务了，所有的产品，不论是个空气净化器，还是一碗米粉，都是互联网思维的结晶，都是满满的情怀。在资本、热钱涌动的浪潮里，大家看起来过的都特别好，这又吸引着一批又一批的人不断地涌进来。

最初的O2O，其价值主要体现在引流和促销，把成为基础设施后的互联网上的庞大消费力释放给线下的商家，比如美团、携程、格瓦拉、58赶集。随着互联网流量越来越贵，建立一个平台或者一个工具单纯通过互联网引流和促销的难度越来越大。

O2O重构营销界面和消费场景，营销更精准，让消费在几公里甚至几千公里之外提前发生，而上门让服务更快完成闭环，成本更低，效率更高，所谓羊毛出在羊身上，O2O让体验更好。典型模式如嘀嘀打车、河狸家。而对传统行业变革的深水区一直是目前O2O行业所忽视或者最难啃的地方，在基础服务上再造服务价值，利用移动社交、大数据、移动智能设备去做服务的智能服务平台。

O2O将会在垂直细分领域诞生更多的需求和更多的机会，具体表现为大平台寡头效应和小平台垂直长尾效应，例如传统行业会因为一个不满意的购物体验或者使用体验，而诞生新的需求，这个新需求变成可改善、可实现的一个想法，有人就会利用这个"想法+互联网"去实现，而现在的资本市场也将助推和加速这种理想的实现，这样的细分行业，尤其是服务业将会诞生更多聚美优品、当当网这样的公司，充分发挥长尾效应，而那个去发现和挖掘这个机会的人，则变成这个领域当之无愧的英雄。比如做大学课程排期的超级课程表不仅深受资本青睐，也受到大学生的追捧。就互联网金融来说，就表现为明显的去中心化。比如P2P，在借贷领域是个人对个人的贷款，典型的去中心化。

另一方面，"互联网+"将表现为中心化将长期存在，不仅是各种政策红利和时代红利上的先行者，例如BAT，或者华为、小米等平台类寡头公司，在最好的时机迎着风口，并且在不断创新和深耕，短期内很难有公司能撼动他们在市场地位，挑战他们的市场份额。也是因为这种先锋者在财富和资本上的特权效应，其拥有制定规则的优先权，这种优先权某种程度上将会限制或者妨碍创新型创业公司的发展。因此在未来，"互联网+"风潮下，将形成大平台大生态的中心化和垂直细分行业的去中心化共存局面。品牌类的规模越大，其收益也会越来越大。因为其前期投入的成本很高，像小米MIUI的研发，硬件的设计，而这些成本会平摊到每一个产品上，规模越大，每一个产品平摊的成本越小，假设产品售价和产品固定成本（生产每个产品的物料、人工等）不变，那么规模越大，每个产品的利润越高，总收益等于两者的乘积，那自然也会越来越高。因此，品牌类的收益，规模小的时候一直在亏，随着规模的增大，收益会越来越高。

马化腾说，未来的"互联网+"模式是去中心化，而不像过去是一个集市，是场景化的，跟地理位置有关的，千人千面，每个人的需求都能实现。这样的话，才能最大限度地连接各传统行业，能够与自身垂直领域做出成绩的合作伙伴进行整合，这样生态的力量才是最强大的。马化腾的这个去中心化，体现在人们日常生活中，是大生态大平台企业在布局关于人的各种服务上的战略，这是另外一种意义上的去中心化。

2. 从"互联网＋"对产业进行重塑

从消费互联网到产业互联网，重构供求关系。

（1）像H_2O分子一样存在的"互联网"基因

自互联网进入普罗大众视野以来，从web1.0到现在web3.0，从门户到搜索，从电子商务到社交网络，以消费者为中心的消费互联网创造了新的用户规模激增模式，创造了巨大的财富价值，激活了新的经济增长和新的消费模式以及新的产业，但无论是暴利的广告还是游戏行业，无论是前向收费还是后向收费，即使有阿里巴巴去年在美国成功上市，刷新了互联网企业全球IPO新高，尽管BAT代表了中国的消费互联网的巅峰和面子，然而相对于传统行业，互联网行业本身的经济规模以及对于商业社会的影响仍然十分有限。

到目前为止，互联网解决的是"互联互通"1.0版本，即人与人或人与信息的连接，大部分互联网产品解决的是低维度的"降低用户成本"或者称为"用户体验"的层面，包括信息获取的成本、沟通聚合的成本、买卖交易支付的成本等等，这种简单粗暴却高效的商业模式推动了轻资产创业和轻资产产品，也造就了消费互联网的空前的、持续的繁荣。

然而，随着云计算、大数据处理分析能力以及人工智能、移动终端、物联网的发展，互联互通将走向2.0时代，开启机器与机器、物与物之间的连接，信息与数据在传统企业中被压抑，或者忽视的潜能将被释放，人与物组成可分析的、可挖掘的数据池，通过大数据分析技术，可以重塑需求关系，虚拟化进程逐渐从个人转向企业，互联网逐渐从改变消费者的个体行为习惯，到改变各个企业、行业、政府、乃至社会的运作和服务模式，资源将进行更合理和科学的分配，从场景化、去中心化的"小C时代"（消费互联网）逐步过渡到"大B时代"（产业互联网），大量消费市场领域的互联网创新对于传统工农业生产效率和能源有效利用的提升，将逐渐发挥影响和价值，因此尽管工业互联网化尚处于起步阶段，但相比消费互联网，以价值经济为主要盈利模式的工业互联网的未来发展将给人类留下更大的想象空间，将会以消费互联网为起点，产业互联网将会使制造、医疗、农业、交通、运输、教育在未来被互联网化，产业互联网将呈现一片蓝海。

在产业互联网下，传统的商业模式将彻底颠覆，形成具有互联网特点的新商业模式，互联网不再扮演工具或者分发渠道角色，互联网将成为类似H_2O角色的基因深度融入各个行业和产品中，以互联网金融为例，尽管信奉巨无霸、中心化模式的传统金融企业仍然垄断了金融大部分市场份额，也试图试水"金融+互联网"，比如传统银行机构做网银，但其对"互联网+"的理解，仍然是一种低纬度的物理融合，是在做简单加法，然而，我们看到越来越多的互联网玩家和嗅觉灵敏的精英，在做"互联网+"的化学反应，层出不穷的互联网金融玩法不断得到肯定，比如充分利用了互联网去中心化效应的P2P就以不断上涨的比率在金融行业占据越来越大的份额，有了越来越多的话语权，而这一话语权的获得前提还是中国征信市场有待完善、大数据分析技术也需要更上一层楼，无疑，互联网构建了一个超越时空和地域的无边界大金融市场，这个大金融市场可以在极短的时间内完成极多的数据处理、风险定价和资源配置，尽管互联网金融以一种高额成本、大胆试错的方式在不断尝试和创新，丝毫不能影响传统金融行业将被彻底颠覆的进程。就像一条道，我们都知道这条路上有狼有虎，但是这是通往光明的一条捷径。

还有那些已经和正在被颠覆和改写的金融服务，例如代表新的支付模式，如支付宝、财付通，代表新的货币，如被重新定义的货币比特币，代表投资与消费的新产品，如余额宝、悟空理财，代表借贷风控的新模式，如蚂蚁金服、闪钱包，代表着新的股权融资模式，如众筹，颠覆传统基金的新基金如大数据指数基金……

（2）大数据成为产业互联网时代的重要战略资产，是产业互联网的引擎

在产业互联网时代下，产业互联网时代的企业物质资产逐渐被"大数据"资产所取代，大数据是产业互联网时代的生产资料。其仰赖的数据不仅是产业互联网的引擎，数据化也将成为是否互联网化的标准，是否形成数据闭环是关键，这绝非简单的软件化、信息化、IT化，而是对企业的整体生态系统进行数据化。真正的产业互联网是——一切业务数据化。产业互联网化标配将由互联网的基础技术、商业模式、组织方法组成，三项关键技术与应用为产业互联网时代的到来创造了变革的基础：一是渗透率、普及率较高的移动智能终端、可穿戴设备，包括手机及其各种信息传感设备（如智能眼镜、腕表等）的普及，人们日常生活中虚拟化时间渐长，个人的大量信息将逐渐全天候不间断地向信息中心传递数据，例如苹果手表价格很高，却丝毫不影响追捧者热爱；二是空前强大的后台云计算能力，包括计算与存储能力，从G到P及至E级的跨越，高效运作的云计算能力对这些数据进行有效处理，通过关联性分析和用户画像，在企业决策中发挥至关重要的作用；三是不断升级的宽带网络，将助力主要生产资料—大数据的快速传输。这三项技术的成熟让每个行业都具备了收集、传输及处理大数据的能力，而随着新的计算和计算技术的应用和发展迭代，传感器、数据存储、数据分析成本将大幅降低，大数据及大数据处理的能力会成为每个企业、每个行业的"新大脑"，加速产业互联网的变革。

在大数据驱动下，企业生产将从以卖方为主走向以买方为主，C2B将成为新的产业模式，大数据分析技术会不断创新和进步，用户画像图谱将会更加清晰和精准，用户可以实现自己参与，自己决策，企业生产的和现在完全相反的生产销售模式；另外，大数据将驱动企业内部数据闭环，线上线下数据一体化发展，就像消费互联网领域O2O的发展，我们看到O2O受到资本方的热捧，尽管那么多在当初看起来相当不靠谱的行业，比如2年前的嘀嘀打车，然而不影响快的作为同质竞争者同样拥有很大的市场份额，更不影响这两家放下身段，握手言和，因为这就是趋势，开放、共享、共存、共赢。

产业互联网对打造中国经济升级意义更为重大。中国在几乎所有传统行业中均是后来者，今天又面临着诸如产能过剩、耗能过大、服务业水平不高、服务成本居高不下等挑战，用产业互联网实现升级，可能是最好的应对方式。

3."互联网＋"的市场化中政府将主导政策红利

根据"瓦格纳定理"：进入工业化以后，政府对经济的作用不仅客观存在而且越来越强大，公共部门在数量上和比例上仍将具有一种内在的扩大趋势，公共支出将不断膨胀。这一定理被许多经济学家（例如皮考克和魏斯曼、鲍莫尔、萨缪尔逊、马斯格雷夫等）所验证，并认为其在50~100年以后仍将发生作用。这显示了在现代市场经济中，随着社会进步和经济总量的增加，政府的作用将越来越大。而在中国经济转型期间，我们再一次看到一个尊重民意、尊重市场杠杆规律的中国政府，无论是大胆提出"互联网+"，还是众创概念，包括政府最为重视也不轻易撒手的金融市场看到端倪。

著名的米什金"八大金融谜团"描述了世界范围内的一个共有现象：金融体系是经济中受到政府最严格管理的部门之一。转型时期的中国金融与发达国家有所不同，其特殊性在于金融市场的"零起点"和在改革初期的绝大部分构成要素都是由政府（中央或地方）主导和"生产"出来，管制更严，而我们也看到政府在金融方面的松动，比如被李克强总理今年形容为"异军突起"的互联网金融，在一年前，甚至还在纠结存废。2014年两会前后，因为余额宝，全国范围内引发了一场关于鼓励还是取缔互联网金融的大讨论。央行行长周小川在2014年两会上明确表示不会取缔余额宝等产品。这场争论的最终结果是力挺派胜出，而且互联网金融在今年的"互联网+"里被再次写入政府工作报告。

4."互联网+"，世界是平的（互联网化全球化）

如果要用一句话来形容当下的互联网市场："互联网世界是平的"大概是最合适的表达。这句话的出处是弗里德曼的《世界是平的》，它说互联网的流行和普及，"跨越了国界，抹平了世界"，它告诉我们，竞争的平台已经被推平了。尽管企业与企业之间、人与人之间充满了竞争与合作，因为竞争与合作带来了整个互联网世界的变化。变化的世界让每个个体都站在同一水平线上，任何企业、组织甚至个人都将参与到全球整合的业务环境中。然而我们看到了腾讯和京东联姻，看到了嘀嘀打车和快的打车破除沟壑，愉快言和，58和赶集合并，互联网每天都在发生那些以前看起来不可能的事情，人为建立的竞争沟壑都在被趋势填平，实现合作共赢。

30年前我们期望过"楼上楼下电灯电话"的生活，渴望实现一个楼上楼下的"联通"，在我们"触网"不到30年之后，云计算、大数据、物联网、人工智能等已经造成了全球性巨头的没落，PC时代，微软和谷歌是家喻户晓的世界级巨头；同样我们也看到了阿里巴巴走向全球，"世界因为互联网变'小'了，也因为互联网变'大'了"，此间的差距，恐怕已非"恍如隔世"能形容。

"我们说世界变平了，一个很重要的原因就是互联网的诞生。"李克强总理一语道破了互联网的"终极作用"——平化世界。对于一个面临产业升级的社会而言，互联网的"平"化作用，主要在于破除有形无形的"沟壑"，互联网与重工业的融合，农村与城市的连接，国内与国外的联通，市场的边界与内涵随着网络的延伸，无限扩大，越来越平的世界，对于我们而言，更意味着权利的平等化。

互联网企业的每一个行为几乎都代表了互联网最前沿的发

展，尤其是预示了互联网的最新状况和最新发展趋势——开放、合作、共赢、分享以及凸显的个性化。网络始终是信息化的基础设施，就像天然气管道一样，管道是基础，内容和应用则是动力，最终能够直接拉动产业前进的一定是内容和应用。所以，产业的协同是根本，竞争是发展方向，而合作方向一定是无边界的。简而言之：世界是我们的，但终将是平的。而一个越来越"平"的世界，只能靠技术硬件与思维软件的双重塑造。

范式转变有一条可怕的规则：传统的老企业在转向新世界时，往往是最落后者，它们面临的系统性障碍比想象中更难以突破。"互联网+"的绝妙之处，既不在"互联网"上，也不在"传统行业"上，而是重点体现在如何"+"，"互联网+"从根本上是解决以互联网为基础技术的传统产业升级和变革，如何加才能彻底解决人力、解决效率问题。假如无法一下子脱胎换骨，至少可以从哪里入手？

先改造领导者。对于层级管理一时难以打破的传统企业来说，一支队伍的行军速度很大程度上由带头人说了算。擒贼先擒王，互联网思维也一样，如果带头人的思维不改变，整个企业的转型不可能成功。另外，传统企业也可以跨越地域边界学习，多看看国外的同类型企业是怎么做的，互联网让世界变平了，传统企业可以先把互联网这个工具用起来，让它为自己学习先进经验服务。

中国的互联网创新和市场交流氛围已经不亚于欧美国家，

阿里巴巴首创全球互联网行业 IPO 最高。这是一个重要的信号，中国互联网的产业成熟度与美国的差距，正在迅速缩小。

　　无论是阿里巴巴的海外战线策略还是那些从国内走向国外的企业比如海尔全球战略，我们看到了中国许多企业的战略格局都已经面向全球市场，而不只是局限在国内享受人口和政策红利。我们也相信那一天会很快到来！

闪钱包高级市场总监

熊淑琴